Bachar Zebib

Les phyllosilicates de sodium délaminés

Bachar Zebib

Les phyllosilicates de sodium délaminés

Nouveaux supports catalytiques acides

Presses Académiques Francophones

Mentions légales / Imprint (applicable pour l'Allemagne seulement / only for Germany)
Information bibliographique publiée par la Deutsche Nationalbibliothek: La Deutsche Nationalbibliothek inscrit cette publication à la Deutsche Nationalbibliografie; des données bibliographiques détaillées sont disponibles sur internet à l'adresse http://dnb.d-nb.de.
Toutes marques et noms de produits mentionnés dans ce livre demeurent sous la protection des marques, des marques déposées et des brevets, et sont des marques ou des marques déposées de leurs détenteurs respectifs. L'utilisation des marques, noms de produits, noms communs, noms commerciaux, descriptions de produits, etc, même sans qu'ils soient mentionnés de façon particulière dans ce livre ne signifie en aucune façon que ces noms peuvent être utilisés sans restriction à l'égard de la législation pour la protection des marques et des marques déposées et pourraient donc être utilisés par quiconque.

Photo de la couverture: www.ingimage.com

Editeur: Presses Académiques Francophones est une marque déposée de Südwestdeutscher Verlag für Hochschulschriften GmbH & Co. KG
Heinrich-Böcking-Str. 6-8, 66121 Sarrebruck, Allemagne
Téléphone +49 681 37 20 271-1, Fax +49 681 37 20 271-0
Email: info@presses-academiques.com

Produit en Allemagne:
Schaltungsdienst Lange o.H.G., Berlin
Books on Demand GmbH, Norderstedt
Reha GmbH, Saarbrücken
Amazon Distribution GmbH, Leipzig
ISBN: 978-3-8381-7075-6

Imprint (only for USA, GB)
Bibliographic information published by the Deutsche Nationalbibliothek: The Deutsche Nationalbibliothek lists this publication in the Deutsche Nationalbibliografie; detailed bibliographic data are available in the Internet at http://dnb.d-nb.de.
Any brand names and product names mentioned in this book are subject to trademark, brand or patent protection and are trademarks or registered trademarks of their respective holders. The use of brand names, product names, common names, trade names, product descriptions etc. even without a particular marking in this works is in no way to be construed to mean that such names may be regarded as unrestricted in respect of trademark and brand protection legislation and could thus be used by anyone.

Cover image: www.ingimage.com

Publisher: Presses Académiques Francophones is an imprint of the publishing house Südwestdeutscher Verlag für Hochschulschriften GmbH & Co. KG
Heinrich-Böcking-Str. 6-8, 66121 Saarbrücken, Germany
Phone +49 681 37 20 271-1, Fax +49 681 37 20 271-0
Email: info@presses-academiques.com

Printed in the U.S.A.
Printed in the U.K. by (see last page)
ISBN: 978-3-8381-7075-6

Table des matières

3

Introduction générale

Introduction générale

L'amélioration du craquage des hydrocarbures nécessite des centres acides forts, et les zéolithes sont de ce point de vue de meilleurs catalyseurs du craquage catalytique que les autres aluminosilicates. Cependant le craquage d'une molécule encombrante est encore gêné par la petite taille poreuse des cavités zéolitiques et ceci en dépit du travail consacré pendant les dernières décennies à la synthèse des zéolithes à porosité ouverte.

Un peu plus tard, lorsque les matériaux MCM-41 ont été découverts il y a dix ans environ, beaucoup d'espoir a été placé dans leur utilisation en tant que catalyseurs de craquage, parce que leur grande taille de pore pourrait permettre le craquage des molécules volumineuses. Cependant, il est rapidement devenu clair que leur acidité est plus proche d'une silice-alumine amorphe que des zéolithes.

Plus récemment, des synthèses des matériaux combinant l'acidité des zéolites et la porosité ouverte des MCM-41 ont été rapportées, mais la composition vraie du catalyseur résultant est souvent incertaine.

Dans ce travail, nous présentons des nouveaux matériaux alternatifs que nous avons récemment développé à partir des nouvelles phases silicates lamellaires afin d'élargir l'éventail des catalyseurs utilisés à l'heure actuelle notamment pour les réactions à catalyse acide (hydrogénation, isomérisation, etc.), et les réactions d'hydrodésulfuration. Ces matériaux présentent en même temps les avantages des zéolithes et ceux des MCM-41 en jouissant d'une haute surface spécifique et d'une porosité ouverte contenant des centres acides de Bronsted forts. Ces nouveaux supports ont été obtenus par application d'une procédure de délamination à des phyllosilicates lamellaires du type magadiite et kényaite, les premiers silicates de sodium hydraté décrits avec une structure de feuillets uniquement tétraédriques (Eugster 1967). Ces silicates ont été trouvés près du lac Magadi au Kenya (Eugster 1967, Sheppard et *al.* 1970), et peuvent aussi être facilement synthétisés dans des conditions hydrothermales (Fletcher et *al.* 1987, Beneke et *al.* 1983).

Cet ouvrage se divise en 4 parties principales :

- La synthèse des matériaux fait l'objet de la première partie. Les phyllosilicates lamellaires synthétisés sont caractérisés en détails. Une place particulière sera donnée à la magadiite et la kényaite les minéraux dont les potentialités d'application sont les plus explorées. Nous décrivons également dans cette partie l'introduction d'aluminium dans les feuillets de la magadiite et de la kényaite en vue de contrôler leur acidité.

- Dans la seconde partie, nous montrons que des matériaux intéressants à haute surface spécifique peuvent être obtenus par l'application d'une procédure de délamination aux silicates lamellaires de type magadiite et kényaite. Cette procédure consiste à échanger les cations compensateurs initiaux (Na$^+$, dans notre cas) par des ions de surfactant C$_{16}$TMA$^+$, ensuite séparer sous l'effet des ultrasons des feuillets de silicates (la délamination proprement dite), et finalement à élimination par calcination les ions C$_{16}$TMA$^+$. Cette procédure de délamination permet d'obtenir des matériaux mésoporeux, de surface spécifique voisine de 600 m^2/g pour la magadiite délaminée et 388m^2/g pour la kényaite délaminée, et riches en groupements silanols. L'évolution des propriétés structurales au cours des différentes étapes synthétiques a été suivie par DRX, RMN du ^{29}Si, mesure de la surface spécifique (BET), spectroscopies vibrationnelles et microscopie électronique. Egalement dans cette partie nous montrons les résultats (en RMN ^{27}Al et d'analyse chimiques) relatifs à l'introduction de substitutions Al/Si dans les feuillets de magadiite et de kényaite.

- La troisième partie, est consacrée aux propriétés catalytiques des supports préparés. Les supports à haute surface spécifique déjà obtenus sont utilisés pour un test catalytique du type craquage des hydrocarbures (tel que le cumène) afin d'évaluer leurs activité catalytique et leurs acidité de Bronsted. L'acidité de nos supports est caractérisée par adsorption de CO et discutée.

- Enfin, dans la dernière partie, les matériaux issus de la délamination de la magadiite et de la kényaite et dont nous avons déjà testé l'acidité, nous serviront comme nouveaux supports catalytiques pour l'élaboration des catalyseurs d'HDS. La phase active choisie est le molybdène. Le mélange mécanique suivi d'activation thermique est la méthode utilisée dans ce travail afin de déposer le molybdène sur nos supports. Enfin, les propriétés catalytiques des catalyseurs obtenus (Mo-support délaminé) sont étudiées et examinées en hydrodésulfuration, un test classique pour les catalyseurs de type Mo-Al$_2$O$_3$SiO$_2$. Cet examen est effectué à Caen en collaboration avec le Laboratoire Catalyse et Spectrochimie.

Références

Eugster, H.P. *Science* **1967**, 157, 1177.

Sheppard, R.A., Gude, A. J., and Hay, R. L. *Am. Miner.*, **1970**, 55, 358.

Fletcher, R. A., and Bibby, D. M., *Clays & Clay Miner.*, **1987**, 35, 318.

Beneke, K., and Lagaly, G., *Am. Miner.*, **1983**, 68, 818.

Chapitre I

"Etude bibliographique"

I. Le groupe des phyllosilicates

I.1. La famille des phyllosilicates alcalins

Les phyllosilicates, ou silicates lamellaires, comprennent de très nombreux représentants naturels et synthétiques, dont les minéraux argileux sont l'exemple le plus connu. Il en existe toutefois d'autres types qui, contrairement aux argiles, sont constitués uniquement de feuillets tétraédriques, sans présence d'éléments en coordination octaédrique. Ces matériaux, tout comme les argiles d'ailleurs, ont une structure en multicouches dont les feuillets sont chargées négativement avec la présence d'un cation (Na^+) échangeable entre les deux couches (Brandt et al. 1987 et 1988, Schwieger et al. 1985).

Ils sont facilement synthétisés (Lagaly et al. 1975, Fletcher et al. 1987, Crone et al. 1990, Kim et al. 1997) et assez stables en milieu acide (Eugster 1967, Lagaly et al. 1975, Rojo et al. 1983 et 1988). Le tableau I.1 compare les six premiers minéraux décrits dans cette famille : la makatite, la silinaite, la kanémite, l'ilerite (parfois appelée « octosilicate »), la magadiite et la kenyaite. Ces matériaux siliciques montrent des propriétés intéressantes pour l'adsorption d'eau et de molécules organiques et dans les mécanismes d'échanges d'ions. Ces propriétés permettent d'envisager des applications telles que l'adsorption d'ions, la catalyse et les tamis moléculaires.

Ces matériaux peuvent également être utilisés comme précurseurs lors de la synthèse des matériaux mésoporeux, soit par formation de piliers minéraux entre les feuillets de silicates préalablement éloignés les uns des autres par l'insertion dans l'espace interlamellaire, de molécules organiques (Wang et al. 1988) soit par "pliage" des feuillets autour de micelles de surfactant comme proposé par Inagaki et *al.* (1997) pour la formation de FSM-16 à partir des feuillets de kanemite.

Silicate	Formule chimique	Rapport molaire SiO_2/M_2O	structure cristalline
Silinaite	$NaLiO.2SiO_2, 2H_2O$	2	Grice, et *al.* 1991
Makatite	$Na_2O.4SiO_2.5H_2O$	4	Annehed et *al.* 1982
Kanemite	$Na_2(ou\ K_2)O.4SiO_2.7H_2O$	4	Garvie et *al.* 1999
Ilerite	$Na_2O.8SiO_2.9H_2O$	8	Vortmann et *al.* 1997*
Magadiite	$Na_2O.14SiO_2.10H_2O$	14	non résolue
Kenyaite	$Na_2O.22SiO_2.10H_2O$	22	non résolue

Tableau I.1. *Comparaison entre les six premiers minéraux des phyllosilicates alcalins. *si l'on considère, en accord avec Vortmann et al. (1997) et Wolf et al. (1999) que l'ilerite et le RUB-18 ont des structures identiques.*

A l'heure actuelle, les structures cristallines de ces silicates sodiques ne sont pas toutes résolues. Cependant les structures de ces silicates ont fait l'objet de nombreuses études qui ont permis d'obtenir un grand nombre d'informations structurales à partir notamment de la RMN solide (Brandt et *al.* 1987 et 1988, Schwieger et *al.* 1985, Garcés et *al.* 1988, Pinnavaia et *al.* 1986, Rojo et al.1986, Almond et *al.* 1996 et 1997, Hanaya et *al.* 1998) et la DRX sur des poudres (Schwieger et *al.* 1985, Eugster 1967, Borbely et *al.* 1991, Brindley et *al.* 1969). Différents modèles (Schwieger et *al.* 1985, Almond et *al.* 1997) ont été proposés pour la structure de la magadiite, de l'ilerite et de la kenyaite, dont la plupart sont basés sur les résultats d'études de la RMN de ^{29}Si (Gardiennet et *al.* 2002) et de ^{23}Na (Gardiennet et *al.* 2002, Hanay et *al.* 1998). Parmi les différents silicates sodiques, la magadiite présente des potentialités importantes du fait de l'épaisseur de ses feuillets.

Dans la suite de ce travail, nous nous préoccuperons exclusivement de la magadiite et de la kényaite.

I.2. les silicates lamellaires organiques

Dans les conditions de synthèse des zéolithes, il n'est pas rare de former, de manière transitoire, des phases lamellaires constituées de feuillets de silicates intercalés par les cations devant servir d'agent structurant à la structure zéolithique. Ainsi, le mélange SiO_2-pipérazine-H_2O, peut conduire, selon la température de synthèse, aux structures zéolithiques ZSM-39 et ZSM-48, mais également à une phase lamellaire (EU-19). Par ailleurs, certaines structures zéolithiques peuvent être obtenues par calcination de ces composés lamellaires. C'est le cas par exemple de la structure ferrierite qui peut être obtenue par calcination de la PREFER un silicate lamellaire dans lequel le cation organique 4-amino-2,2,6,6-tetramethylpiperidine est intercalé. De la même façon, la zéolithe MCM-22 peut être obtenue par calcination de MCM-22(P) un précurseur lamellaire dans lequel de l'hexamethylenimine est intercalée.

Par bien des aspects ces matériaux sont très proches des phyllosilicates alcalins, hormis que le cation alcalin est remplacé par un cation organique, ce qui a pour conséquence l'absence de molécules d'eau de solvatation entre les feuillets.

II. Conditions de formation et de synthèse de la magadiite et de la kenyaite

II.1. La magadiite et la kenyaite à l'état naturel

En 1967, *Eugster* rapporte la découverte de deux nouveaux silicates de sodium hydratés : La magadiite et la kenyaite, dont il écrit les formules $NaSi_7O_{15}(OH)_3.3H_2O$, et $NaSi_{11}O_{20,5}(OH)_4.3H_2O$. Ces minéraux tirent leurs noms de leur première localité, dans les dépôts du lac Magadi, située dans la vallée de Crevasse au Kenya, mais ils ont été par la suite observés dans d'autres localités en Afrique, (Maglione 1970), (Icole et *al*. 1981) ou en Amérique du Nord (Mc Atee et *al*. 1968)(Surdam et *al*. 1972)(Houser 1982). Dans la plupart de ces localités, ils se seraient formés à partir des eaux alcalines de lacs riches en carbonate de sodium (Bricker 1969). On verra en effet que les conditions de synthèse en laboratoire indiquent que la formation de ces phases est favorisée en milieu très alcalin.

II.2. Méthodes de synthèses

Après les tentatives initiales de Eugster et *al* (1967), Lagaly et *al* (1975) a synthétisé la magadiite à partir d'un mélange de silice, NaOH et H_2O (en rapport molaire 9 :2 :75), chauffé à 100°C pendant 4 semaines. La composition analytique de la magadiite préparée selon cette synthèse est très proche de la magadiite naturelle (tableau I.2). La différence observée entre les valeurs du tableau 2 est probablement due aux différentes méthodes de séchage.

Fletcher et *al*. (1987) ont ensuite effectué des synthèses hydrothermales à 150°C pendant trois jours avec des rapports $SiO_2/NaOH$ =1 et $H_2O/NaOH$=15. Le produit résultant est constitué d'un mélange de magadiite et kenyaite. Les remplacements aux deux tiers de NaOH par Na$_2$

CO_3 conduit à la formation unique de magadiite pour $H_2O/NaOH<100$ et à la formation unique de kenyaite pour $H_2O/NaOH>150$ (figure I.1). Enfin, la conversion de magadiite en kenyaite apparaît plus rapide en présence de carbonate et le produit final est aussi plus cristallin.

Echantillon	Poids %			Rapport atomique		
	Na_2O	SiO_2	H_2O	Na	Si	H_2O
Magadiite du Trinity Country	5,8	75,8	18,4	2,1	14	11,3
Magadiite du lac Magadi	5,6	77,6	14,6	1,9	14	8,8
Magadiite du lac Wyoming	5,7	77,8	15,4	2,0	14	9,3
Magadiite synthétisée*	5,6	74,9	18,2	2,0	14	11,3

Tableau I.2. *Composition analytique des magadiites synthétisés et naturelles (*) Eugster et al (1967).*

La voie hydrothermale n'est pas la seule possible. Crone et *al.* (1995) ont rapporté une synthèse par chauffage en four à moufles de métasilicate de sodium et de silice précipitée en rapport équimolaire pendant 18h : si la température est comprise entre 50°C et 200°C, on obtient effectivement de la magadiite (après réhydratation dans l'eau). A des températures plus élevées, on obtient successivement l'octosilicate et la kanémite.

La formation de la kényaite et de la magadiite a été également étudié dans le cadre de la synthèse de zéolithes (Araya et *al.* 1985, Van der Gaag et *al.* 1985). Pal-Borbely et *al.* (1995) ont synthétisé des magadiites substituées à l'aluminium par cristallisation hydrothermale à 130°C pendant 5h. Ils ont ensuite converti ce produit en sa forme acide par échange ionique avec HCl 0,01N. La recristallisation hydrothermale contrôlée de ce dernier dérivé a ensuite servi à la synthèse de zéolithes types MFI (ZSM-5) ou MEL (ZSM-11).

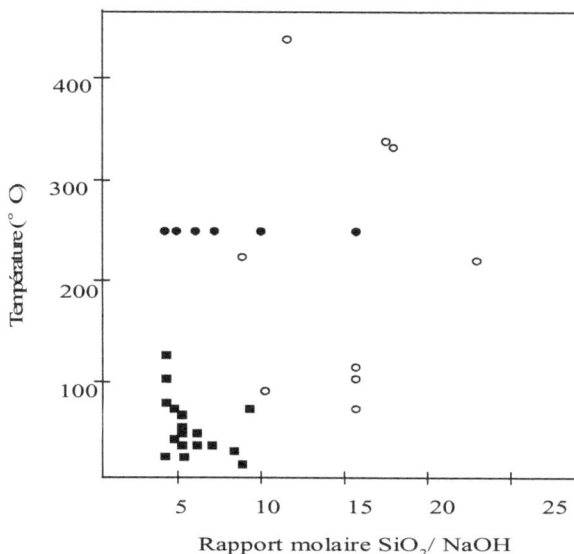

Figure I.1 : *Synthèse de phyllosilicates de Na par traitement hydrothermal de suspensions SiO₂-NaOH-H₂O à 100°C ou à 150°C.* ■ *Magadiite (100°C),* ● *Kenyaite (150°C),* ○ *Kenyaite (100°C) pendant 72h.*

II.3. Substitution isomorphe dans les feuillets

Les études réalisées simultanément par Pal-Borbely et *al.* (1995) et Schweiger et *al.* (2004) ont montré qu'il était relativement aisé de préparer des magadiites contenant de l'aluminium, du bore ou du gallium. La substitution isomorphe de ces éléments (i.e. leur insertion en substitution T_d dans les feuillets de silicates) a été mise en évidence par des études RMN [27]Al et [11]B par Schweiger et al. Ces auteurs ont par ailleurs montré que la présence d'aluminium lors de la cristallisation de la magadiite allongeait considérablement le temps de cristallisation (de 2 jours en absence d'Al à plus de 20 jours pour un rapport Si/Al de 22). Ils ont attribué cette augmentation au fait que l'aluminium ralentissait la germination de la magadiite et provoquait une augmentation importante du temps d'incubation. Pal Borbely et *al.* se sont attachés à caractériser les propriétés acides de Brønsted de ces matériaux à partir de mesure de chaleur d'adsorption de TPD de NH_3 et par une étude FTIR de la pyridine adsorbée. Ils ont ainsi montré que la substitution d'aluminium ou de gallium conduisait à une acidité de Brønsted forte et ont observé après traitement sous vide à 300°C d'une Al-magadiite échangée avec NH_4^+, une bande à 3610 cm^{-1} attribuable à des ponts Si-OH-Al.

Par ailleurs, la substitution isomorphe de Co^{2+} dans les feuillets de la magadiite a également été rapportée. Cependant, en l'absence de toute caractérisation, il est assez difficile de savoir si Co^{2+} est effectivement en substitution dans les feuillets de silicate ou plus vraisemblablement, comme proposé par Ko et *al.* (2001), en compensation de charge entre les feuillets (i.e. à la place des Na^+)

II.4. Morphologie et surface spécifique

La magadiite se présente souvent sous forme de particules de quelques microns présentant un faciès « rose des sables » (Garcès et *al.* 1988, Terrès et *al.* 1995). Ces particules ou tactoïdes comportent un nombre variable de lamelles aggrégées. Les cristaux obtenus sont plus grands et plus réguliers dans le cas de synthèses hydrothermales (Crone et *al.* 1995) et la surface spécifique est évidemment inversement proportionnelle à la taille des tactoïdes. Les valeurs de la surface BET de magadiites synthétiques sont comparables à celles de minéraux argileux :

de 20m^2/g (Lagaly et *al.* 1975a, Terrès et *al.* 1995) à 39m^2/g (Wong et *al.* 1993).

Figure I.2: *Photo de microscopie électronique à balayage de la magadiite de synthèse d'après (Crone et al. 1995).*

III. Modèles structuraux de la magadiite

III.1. Introduction : la magadiite, la kenyaite et les autres phyllosilicates

Nous avons signalé au § I. l'existence de deux phyllosilicates de sodium apparentés à la magadiite et à la kényaite, mais présentant une épaisseur plus faible des feuillets siliciques : la makatite et la kanémite. La structure de ces deux phases a été résolue par diffraction des RX.

La makatite, de formule $Na_2Si_4O_8(OH)_2.4H_2O$, est monoclinique. Les feuillets $[Si_2O_4(OH)]_n^{n-}$ sont ondulés et constitués de cycles à six tétraèdres (Figure I.3). Le sodium est interfoliaire et existe dans deux types d'environnement : certains ions sodium sont hydratés $[Na(H_2O)_6]^+$, d'autres sont en coordinence 5, et leur sphère de coordination inclut trois oxygènes des feuillets siliciques. D'autre part, les feuillets de makatite doivent porter des groupes silanols Si-OH, mais leur position est incertaine car on ne peut pas localiser les hydrogènes par DRX.

La kanémite, de formule idéale $NaHSi_2O_5.3H_2O$, cristallise dans le système orthorhombique. Comme pour la makatite, l'arrangement atomique consiste en l'alternance de feuillets plissés de $[Si_2O_4(OH)]_n^{n-}$, et les feuillets sont constitués de cycles à 6 tétraèdres (Garvie et al. 1999), (Vortmann et al. 1999). Ici aussi, la localisation des silanols est incertaine.

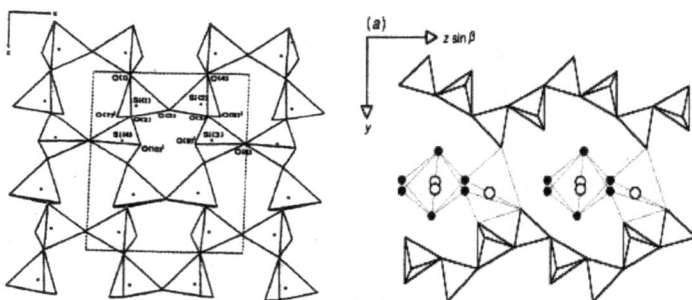

Figure I.3 : Structure d'une makatite synthétique. A gauche, connectivité des tétraèdres siliciques dans les feuillets ; à droite, vue de l'espace interfoliaire mettant en évidence les deux environnements du sodium (d'après Annehed et al. 1982).

Par contre, il n'a pas été possible jusqu'à présent d'obtenir de monocristaux de magadiite ou de kényaite de taille suffisante pour résoudre leur structure par des techniques de diffraction. Sur base de l'analyse élémentaire, des diffractogrammes de poudres, du comportement chimique (gonflement) (Eugster 1967, Brindley 1969, Rooney 1969), on considère que ces structures sont apparentées à celles de la makatite et de la kanémite. Elles consisteraient donc également en des assemblages de feuillets négativement chargés constitués de tétraèdres siliciques, alternant avec des couches interfoliaires contenant des ions de sodium solvatés, la cohésion de la structure lamellaire étant maintenue par des forces électrostatiques (Eugster 1967, Brindley 1969, Lagaly et *al.* 1975). Vu l'absence de données cristallographiques définitives, les modèles structuraux de la magadiite font largement appel à des données spectroscopiques renseignant sur l'environnement immédiat des atomes. Les paragraphes suivants tentent de résumer les informations disponibles et leurs interprétations, sans prétention à l'exhaustivité.

III.2. Données cristallographiques

Eugster (1967) a indexé un échantillon de magadiite naturelle dans le système tétragonal, avec des paramètres de maille a = b = 12 ,620Å et c = 15,573Å. D'autres auteurs ont proposé des indexations différentes sur base d'un système monoclinique, avec a = 7,22 ; b = 15,70 ; c = 6,91Å et β = 95,15° (Mc Atee et *al.* 1968), ou a = b = 7,30Å ; c = 15,69Å et β = 96,8Å (Brindley, 1969).

Les données cristallographiques actuellement retenues dans la fiche JCPDS 42-1350, sont fondées sur l'indexation de Schwieger et *al.* (1985) dans le système monoclinique, avec les paramètres de maille a = 7,30Å ; b = 7,28Å ; c = 15,71Å et β = 96,4°.

III.3. Structure et connectivité des feuillets silicatés : les données RMN

En l'absence de données cristallographiques suffisantes, la RMN du ^{29}Si pourrait en principe donner des informations structurales assez précises. En effet, chaque silicium dans un environnement chimique distinct est susceptible de donner un signal RMN caractérisé par une valeur bien précise du déplacement chimique, et le nombre de signaux observés renseignerait ainsi sur le nombre de sites cristallographiques de la structure. Les spectres publiés par différents auteurs sont assez différents, mais présentent tous des signaux dans la région des « Q^3 » (tétraèdres siliciques portants un groupe silanol Si-OH, ou un silanolate Si-O⁻), et d'autres dans la région des « Q^4 » (tétraèdres siliciques complètement condensés). Le rapport Q^3/Q^4 est variable selon les travaux, comme en témoigne le tableau suivant :

Echantillon	Q^3/Q^4	Référence
Synthétique	0,48	Schwieger et *al.* 1985
Synthétique	0,33	Pinnavaia et *al.* 1986
Naturel	1,12	Garcès et *al.* 1988
Synthétique	1,0	Garcès et *al.* 1988
Synthétique	2,5	Garcès et *al.* 1988
Synthétique	0,34	Dialey et *al.* 1992
Synthétique	0,33	Almond et *al.* 1994
Synthétique	0,4	Eypert-Blason et *al.* 2002

Tableau I.3 : *Données RMN MAS du* ^{29}Si *pour divers échantillons de Na-magadiite.*

Une comparaison avec les données RMN du ^{29}Si sur les matériaux de la famille des phylloysilicates alcalins, à savoir l'octosilicate (cf. supra) montre que le rapport Q^3/Q^4 diminue quand l'équidistance d'empilement et le rapport $SiO_2/NaOH$ augmentent. Cette augmentation correspondrait en effet à l'existence de feuillets siliciques de plus en plus épais, construits par la condensation de feuillets siliciques simples de formule $((Si_2O_5)^{2n-})_n$, ou $((Si_2O_5)_n)^{2n-}$. Dans le feuillet de base (ex : makatite), tous les siliciums seraient Q^3, c'est à dire que chaque tétraèdre silicique aurait un sommet libre pointant vers l'espace interlamellaire. La condensation de deux feuillets aboutirait à la transformation de la moitié des Q^3 en Q^4, c'est à dire à un rapport Q^3/Q^4 égal à 1, et de même ce rapport diminuerait lors de la formation de feuillets plus condensés. L'épaisseur du feuillet de la magadiite pourrait ainsi se déduire du rapport Q^3/Q^4 ; bien sûr, elle devrait être en accord avec l'équidistance basale effectivement observée en DRX sur poudres pour la magadiite, égale à la somme des épaisseurs du feuillet silicaté et de l'espace interlamellaire (contenant du sodium plus ou moins hydraté et/ou des protons).

Silicate	FM	RM	Q^3/Q^4	DB (Å)		DIF (Å)	ECF (Å)	(*)nb CMCCS
				Exp.	Cal.			
Makatite	$Na_2O.4SiO_2.5H_2O$	4	1/0	9,0	9,0	3,32	5,73	1
Octosilicate	$Na_2O.8SiO_2.9H_2O$	8	1/1	11,0	13,6	3,32	10,4	2
Magadiite	$Na_2O.14SiO_2.10H_2O$	14	1/3	15,6	18,3	3,32	15,0	3
Kenyaite	$Na_2O.22SiO_2.10H_2O$	22	1/4	20,0	27,6	3,32	24,3	5
Kanemite	$Na_2O.4SiO_2.7H_2O$	4	----	10,3	----	----	----	----

Tableau I.4: *Formules et détails structuraux pour les 5 phyllosilicates de sodium hydratés (la distance basale est obtenue par DRX et les rapports Q^3/Q^4 dérivent de la RMN solide de Si^{29} d'après le modèle de Schweiger et al. FM : Formule chimique, RM : Rapport Molaire, DB : Distance Basale, DIF : Distance Inter-Feuillets, ECF : Epaisseur Calculée du Feuillet, CMCCS : nombre de Couches Makatite Combinées Par Couche de Silicate.*

En supposant constante l'épaisseur de l'espace interlamellaire, ce raisonnement aboutit à l'interprétation des données structurales qui est reprise au Tableau I.4 ci-dessus.

Malheureusement, comme l'indique le tableau I.3, les différents spectres RMN publiés ne sont pas tous en accord avec les valeurs de Q^3/Q^4 utilisées pour établir ce modèle structural, et de loin.

Garcès et *al.* (1988) ont attribué les valeurs variables des rapports Q^3/Q^4 à la possibilité d'une condensation des silanols interfoliaires de la magadiite qui les transformerait en ponts siloxanes, diminuant ainsi la valeur Q^3/Q^4 par rapport à la structure de base, non perturbée. Cette hypothèse ne fait pas l'unanimité. Mais d'autre part, Almond et *al.* (1997) estiment que les spectres obtenus par Schwieger et *al.* (1985) ont été faussés par l'influence d'une saturation de spin (temps de recyclage entre deux spectres trop faible), ce qui est plausible si l'on accepte les temps de relaxation T_1 du silicium de 180s pour la H-magadiite et 280s pour la Na-magadiite renseignés par Dailey et *al.* (1992). Un critère pour la validité des Q^3/Q^4 trouvés par RMN est la comparaison avec l'analyse élémentaire, puisque chaque silicium Q^3 doit correspondre soit à un proton, soit à un sodium (compensant le silanolate) dans la formule élémentaire (Dailey et *al.* 1992).

III.3.1. Les modèles structuraux

Plusieurs modèles des feuillets de magadiite ont été proposés depuis une vingtaine d'années, sur base notamment des considérations précédentes. Ils diffèrent par le nombre et la structure des feuillets élémentaires condensés, mais aussi de façon plus subtile par la topologie de condensation : on peut condenser les mêmes unités élémentaires de

24

façons différentes, créant ainsi des cycles de tétraèdres siliciques plus ou moins large. Or on connaît, d'après les données sur les zéolithes, l'importance de la largeur de ces sites pour les propriétés chimiques du matériau.

a) Le modèle de Schwieger et al. (1985)

Dans le modèle de Schwieger et *al.* (1985) déjà mentionné plus haut, la magadiite est construite par condensation de trois feuillets de makatite. L'arrangement proposé (cf. figure I.4) aboutit à la formation de cycles à 4 et 8 tétraèdres. Il conduit à un rapport $SiO_2/NaOH$ plus faible que celui qui est observé expérimentalement et à une distance basale théorique de 19,14 Å, très élevée par rapport à leur valeur expérimentale de 15,8 Å. Brandt et *al.* (1989), ont tenté de résoudre ce désaccord en diminuant la longueur des tétraèdres pointant vers le feuillet opposé, en accord avec les données cristallographiques de Brindley (1969). Il n'en reste pas moins que ce modèle est contestable, notamment au vu des arguments sur les rapports d'intensité RMN développés plus haut.

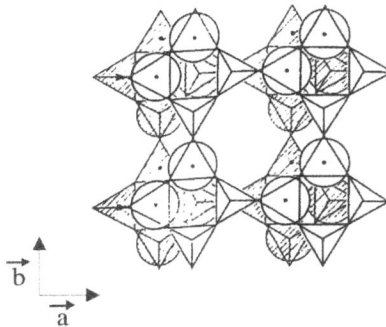

Figure I.4: Modèle structural des feuillets de la magadiite d'après Brandt et al. (1989, à la suite de Schwieger et al. (1985).

b) Le modèle de Pinnavaia et al. (1986)

Pinnavaia et *al.* (1986) ont proposé un modèle de feuillet résultant de la condensation de deux feuillets élémentaires, qu'ils préfèrent visualiser comme un arrangement de cinq plans d'atomes d'oxygène. On voit que ce modèle aboutirait à la formation de cycles à 4 et à 6 tétraèdres. Il modèle serait alors en accord avec les équidistances d'empilement que Pinnavaia et *al.* (1986) mesurent pour la Na-magadiite (11,5Å) et sa forme protonée (11,2Å) en absence d'eau, ainsi qu'avec les rapports Q^3/Q^4 qu'ils ont mesurés (0,33). Cependant, la formule à laquelle on aboutit alors pour la maille de magadiite est $Na_2HSi_{13}O_{27,5}$, alors qu'expérimentalement la formule chimique d'une magadiite déshydratée est plutôt de $Na_2Si_{14}O_{29}$.

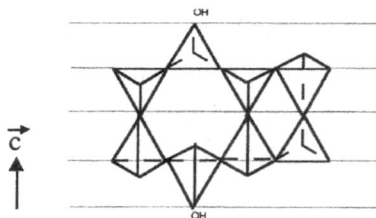

Figure I.5: *Représentation schématique d'un feuillet de magadiite, d'après Pinnavaia et al. (1986). Les lignes grisées représentent les plans d'atomes d'oxygènes.*

c) Le modèle de Garcès et al. (1988)

Le modèle de Garcès et *al.* (1988) diffère des précédents en ce que la structure proposée ne peut pas être considérée comme la condensation de feuillets élémentaires. Il est illustré par la figure I.6. Il présente aussi l'originalité d'accorder une place importante aux données de spectroscopie vibrationnelle (IR). Les spectres IR de la magadiite font en effet apparaître des analogies avec les zéolithes de type pentasil dont la dachiardite, notamment des bandes caractéristiques des cycles à 5 tétraèdres (Jansen et al. 1984 ; voir aussi la discussion de nos données de spectroscopie IR au Chapitre III) ainsi que d'assemblages Si-O-Si avec des angles proches de 180°.

Dans le modèle de la figure I.6, la magadiite est monoclinique et ses paramètres de maille sont a= 27,5 Å, b=9,20 Å, c= 7,52 Å et β= 101°.

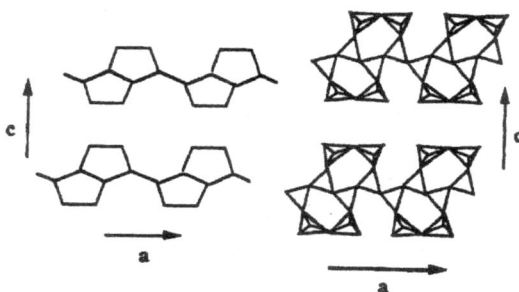

Figure I.6: Structure hypothétique de la magadiite (à gauche) d'après Garcès et al. (1988) et de la dachiardite (Jansen et al. 1984)(à droite).

Les feuillets seraient constitués de cycles à 5 tétraèdres et de cycles à 6 tétraèdres (ces derniers non visibles dans la représentation de la figure), avec un Q^3/Q^4 de 1. La distance basale résultante serait de 13,5 Å et la formule chimique $NaSi_6O_{12}(OH)$. Ce modèle présente donc des écarts par rapport aux données cristallographiques les plus communément admises pour la magadiite ; d'autre part, une critique interne des résultats de ces auteurs révèle une incohérence entre les rapports Q^3/Q^4 élevés mesurés par ces auteurs, et la formule chimique déduite pour leurs échantillons (Eypert-Blaison, thèse 2002).

Cependant, il a été repris ultérieurement par Huang et *al.* (1999), qui ont raffiné l'interprétation structurale des données de spectroscopie vibrationnelle. (Infrarouge et Raman).

d) Le modèle d'Almond et al. (1997)

Almond et *al.* (1997) sont revenus à un modèle assez proche de celui de Pinnavaia (1986 ; cf. supra). Ils ont toutefois étendu la discussion à la considération de données RMN du ^{1}H, du ^{23}Na et du ^{29}Si, et intégré dans la discussion les structures connues de $KHSi_2O_5$ et du « silicate pipérazine » (EU-19) l'environnement proposé pour le sodium est différent, mais la structure des feuillets siliciques est semblable, avec un rapport Q^3/Q^4 de 1/3.

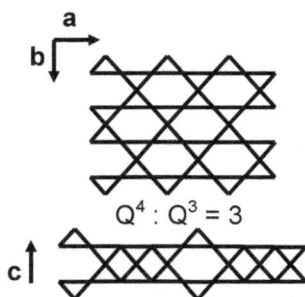

Figure I.7: *Modèle d'Almond et al. de la Na-magadiite). Partie supérieure : connectivité latérale des tétraèdres siliciques dans les feuillets, partie inférieure : vue perpendiculaire aux feuillets.*

Il semble que ce modèle permette aussi de rendre compte de l'existence de trois environnements différents des siliciums Q^4, observée dans les spectres RMN les mieux résolus. Toutefois, il reste très approximatif, et en l'absence d'un modèle précis d'empilement des feuillets successifs, il n'est pas évident qu'il permette de rendre compte de la distance basale généralement observée de 15,5 Å. Les auteurs restent d'ailleurs très prudents dans leurs revendications.

III.4. L'espace interfoliaire

L'espace interfoliaire peut essentiellement contenir les ions compensateurs (des Na^+ dans la plupart des études) et des molécules d'eau ; de part et d'autre de cet espace, les feuillets silicatés exposent des groupements silanols et/ ou silanolates qui contribuent certainement à sa structuration (voir plus haut la description de l'espace interlamellaire de la makatite).

La RMN du ^{23}Na peut donc être appliquée à la caractérisation de l'environnement moléculaire dans cet espace (Rojo et *al*. 1988, Almond et *al*. 1996, 1997, Hanaya et *al*. 1998) et elle a mis en évidence un environnement unique et hexacoordonné pour les ions sodium interfoliaires.

Nous avons déjà dit que les signaux Q^3 en RMN du ^{29}Si renseignent sur la présence des silanols et silanolates. Enfin, la RMN de ^1H a pu être appliquée pour caractériser silanols et molécules d'eau (Apperley et *al*. 1995, Almond et *al*. 1994).

Plusieurs auteurs ont donc proposé des représentations schématiques de l'espace interfoliaire.

Ainsi, Rojo et *al*. (1988) (figure I.8) ont étudié aussi bien la Na-magadiite de départ que le matériau dont les ions compensateurs Na^+ ont été totalement ou partiellement remplacés par des protons par échange ionique. Dans la Na-magadiite, la charge négative des feuillets due aux Si

Q^3 est compensée, soit par des ions Na^+, soit par des ions H^+ (associés aux feuillets pour former des groupes Si-OH) et les molécules d'eau sont organisées en bicouche. Dans la forme protonée (Figure I.8.B), chaque Q^3 porte un silanol. La densité de ces espèces est élevée ; il en existerait deux types distincts, l'un formant des liaisons hydrogène relativement fortes avec le feuillet voisin (OH_B), et l'autre, plus libre, pointant vers les cavités du feuillet voisin (OH_A).

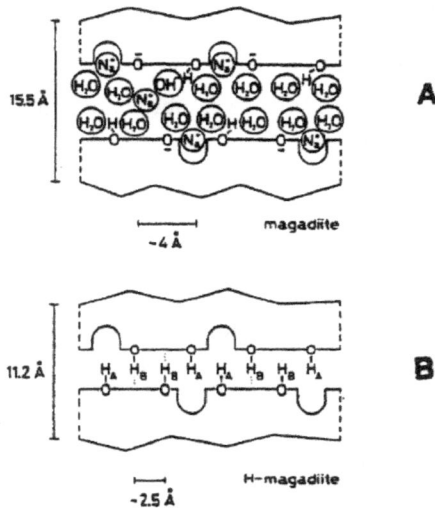

Figure I.8: *Représentation schématique de l'espace interfoliaire d'une magadiite sodique (A) et de sa forme protonée (B), d'après Rojo et al. (1988).*

Almond et *al.* (1997) ont proposé un schéma plus général censé être valide pour tous les phyllosilicates de la série (figure I.9). Ce schéma suggère l'existence de liaisons hydrogène entre deux feuillets successifs même pour la forme sodique.

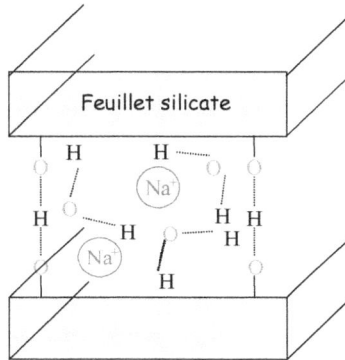

Figure I.9: *Représentation schématique de l'espace interfoliaire pour la Kanémite, l'octosilicate, la magadiite et kényaite d'après Almond et al. (1997).*

Cependant, Gardiennet et *al.* (2005) ont conclu à l'absence de liaisons H fortes entre les feuillets de la magadiite suite à une étude en RMN ^{1}H d'échantillons de magadiite à différents degrés de déshydratation. Ces auteurs attribuent les liaisons hydrogène fortes mises en évidence par RMN ^{1}H à des liaisons H à l'intérieur des feuillets entre silanols et excluent même que les molécules d'eau présentes entre les feuillets interviennent dans ces liaisons fortes. De fait, les structures cristallines de l'ilerite et de la kanémite résolues entre temps ne montrent pas la présence de liaison H interfeuillets (uniquement des liaisons H intrafeuillets). Le modèle de la figure I.9 ne doit donc être considéré que comme une hypothèse de travail de validité douteuse.

III.5. Conclusion sur les modèles existants

Comme on l'a vu, aucun des modèles proposés jusqu'à présent n'est complètement satisfaisant. Cela est dû partiellement à l'incertitude sur les résultats expérimentaux puisqu'il existe des écarts de composition chimique et de teneurs en eau entre les différents échantillons de magadiites étudiés (Pinnavaia et *al.* 1986, Schwieger et *al.* 1985). Nous avons aussi discuté les désaccords sur les spectres RMN de ^{29}Si et leur interprétation, bien qu'un consensus sur un rapport Q^3/Q^4 de 0,3 à 0,4 semble se dégager. Si c'est bien le cas, le modèle de Garcés et *al.* ne peut être exact ; pourtant, il est le seul à intégrer les données vibrationnelles, qui suggèrent entre autres l'existence de cycles à 5 tétraèdres. Il est donc probable que la véritable structure de la magadiite ne correspond à aucune de celles qui ont été proposées jusqu'à présent.

III.6 Stabilité thermique

Plusieurs études ont publié des résultats d'analyse thermique de magadiites sodiques ou protonées (Brandt et *al.* 1989), à 10°C/min (Lagaly et *al.* 1975), ou 12°C/min (McAtee et *al.* 1968). Lagaly et *al.* (1975) ont observé une déshydratation de la Na-magadiite avant 100°C conduisant à une décroissance de l'espacement basal jusqu'à 11,5Å. Il s'agit certainement là de la perte de l'eau interfoliaire qui hydratait les cations compensateurs Na^+. En tout cas, les groupes Si-OH ne subissent certainement pas une condensation interfoliaire puisqu'à ce stade la magadiite peut être réhydratée. A haute température (au-delà de 700°C), on observe la cristallisation de la tridymite ; il est possible toutefois que la phase quartz se forme de façon intermédiaire à température plus basse, ce qui introduit une incertitude sur le domaine de température de métastabilité de la magadiite.

La magadiite protonée a un comportement thermique totalement différent. Elle montre deux étapes nettement séparées de perte de masse avant 500°C. Si la première (avant 250°C) correspond sans doute toujours à la perte de molécules d'eau d'hydratation (liées dans ce cas à des silanols isolés d'après Lagaly), à environ 400°C, les feuillets siliciques se lient les uns aux autres par des ponts siloxanes Si-O-Si (condensation de silanols Si-OH). Le matériau ainsi obtenu se réarrange finalement en cristobalite après 1000°C. L'existence d'une réaction de condensation semble confirmée par la comparaison de résultats de physisorption d'Ar, N_2 et O_2. Les valeurs différentes de la surface BET, attribuées aux différences d'accessibilité des trois gaz à la surface interne, disparaissent quand l'échantillon est calciné au-delà de 400°C, ce qui a été interprété comme une preuve de la fermeture irréversible de l'espace interlamellaire. Ces résultats semblent indiquer une limite intrinsèque de température pour la stabilité des feuillets de magadiite, qui s'effondreraient dès 400°C. Cela limiterait considérablement l'intérêt pratique de ces matériaux, mais nous verrons plus loin qu'une procédure de délamination, en rompant la périodicité cristalline des feuillets porteurs de silanols, accroît considérablement leur domaine de stabilité.

IV. Echange et gonflement de la magadiite

IV.1. Echange ionique

Dans le cas de la magadiite sodique, la réaction d'échange cationique peut s'écrire comme suit :

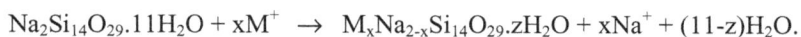

$$Na_2Si_{14}O_{29}.11H_2O + xM^+ \rightarrow M_xNa_{2-x}Si_{14}O_{29}.zH_2O + xNa^+ + (11-z)H_2O.$$

Les divers modèles structuraux proposés pour la magadiite envisagent des cations sodium relativement libres dans l'espace interlamellaire. En fait, en utilisant la formule généralement acceptée et en supposant que tous les cations sont échangeables, on arriverait à la valeur élevée de 240meq/100g SiO_2 pour la CEC d'une magadiite sodique (Brenn et *al.*, 1999). Des valeurs plus faibles ont été mesurées expérimentalement : 60meq/100g de matière sèche (McAtee et *al.* 1968) ou de 156meq/100g (Kim et *al.*, par échange au Sr^{2+}, 1997). Cela signifierait que la proportion de sodium échangeable dépend des conditions expérimentales.

L'échange par le proton occupe une place particulière. Eugster (1967) a montré qu'une magadiite naturelle traitée par HCl dilué perdait la totalité de ses ions sodium (la composition du produit résultant est $H_2Si_6O_{13}$) et voyait sa distance basale descendre à 13,68 Å. L'échange était réversible comme on l'attend d'un échange ionique simple (réaction topotactique). D'autres auteurs ont rapporté une distance basale plus faible pour la magadiite protonée : 11,2Å pour Brindley (1969), 11,5Å (descendant à 11,2Å lorsque la magadiite est totalement déshydratée) pour Lagaly et *al.* (1975). Lagaly et *al.* ainsi que Pinnavaia et *al.* (1986), et Rojo et *al.* (1988). Ainsi, un traitement acide modéré n'altère donc pas la structure locale des feuillets, ni même d'ailleurs la morphologie particulière en « rose des sables » (Kruse et *al.* 1989, Jeong et *al.* 1998, Kosuge et *al.* 1999). Toutefois, Döring et *al.* (1993) rapportent que la protonation engendre une microporosité qu'ils considèrent comme d'origine interparticulaire.

Les protons qui substituent les Na^+ ne se trouveraient pas sous forme d'ions hydronium H_3O^+, mais s'associeraient au moins partiellement aux feuillets silicatés pour former des groupes silanols supplémentaires. A vrai dire, ceux-ci doivent déjà exister dans la magadiite sodique d'après sa formule élémentaire (cf. supra), mais leur densité augmente lors de l'échange protonique. Rojo et *al.* (1988) ont estimé par RMN du ^{1}H que les distances moyennes H-H passent de 4Å pour la Na-magadiite, à 2,5Å pour sa forme protonée. Ces auteurs remarquent toutefois que les valeurs ainsi trouvées ne correspondent pas à celles déduites de l'analyse élémentaire.

Rojo et *al.* (1988) soulèvent également le problème de la stabilité thermique des espèces contenant une forte densité de silanols interfoliaires. Il est connu que d'autres phyllosilicates protonés comme $H_2Si_2O_5$ sont très instables thermiquement, les silanols de deux feuillets successifs se condensant pour former des liaisons siloxanes, avec perte de la structure lamellaire.

Bien sûr, les ions sodium d'une magadiite peuvent également être échangés par d'autres cations inorganiques, tels que K^+ ou NH_4^+, mais les études de ce type ne sont pas directement pertinentes pour notre travail.

IV.2. Gonflement : échange par des cations organiques à longue chaîne

On sait depuis longtemps que les feuillets d'une argile peuvent être écartés jusqu'à des distances considérables au moyen d'un échange cationique par des cations organiques à longue chaîne tels que les alkylammoniums. Malgré des résultats initiaux négatifs de McAtee et *al.* (1968), Lagaly et *al.* (1975) ont pu réaliser l'échange par des cations organiques sur une magadiite naturelle et une synthétique : ils ont intercalé, à partir de solutions aqueuses (éventuellement additionnées d'éthanol) de chlorures, des ions alkylammonium, triméthylalkylammonium, diméthylalkylammonium, etc.

L'espacement basal des magadiites intercalées croît linéairement avec la longueur de la chaîne du cation organique. Parmi les différents modèles d'intercalation, résumés par Lagaly et *al.* (figure I.10), cette évolution est compatible avec une organisation en bicouche (schéma a), encore que la valeur des espacements observés par rapport aux longueurs de chaîne suggère parfois des bicouches inclinées et/ou interpénétrées.

Un arrangement en bicouche d'ions n-cétylpyridinium à également été observé par Brenn et *al.* (1999).

La synthèse de dérivés organiques peut être complète et s'effectuer en seule étape rapide dans le cas de cétyltriméthylammonium (Pastore et *al.* 2000). Il est possible de recouvrer ensuite la magadiite de départ par extraction des composés organiques.

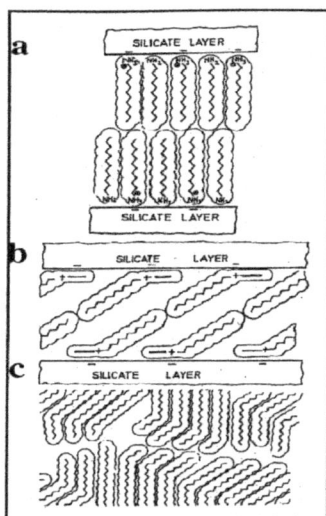

Figure I.10: *Modèles de l'intercalation de dérivés organiques à longues chaînes dans une structure lamellaire. (a) : arrangement de chaînes alkyl dans des magadiite-alkylammonium ; (b) : arrangement d'ions n-alkylpyridine dans des magadiites n-alkypyridine ; (c) : structure gauche des blocs de chaînes alkyles, d'après Lagaly et al. (1975).*

Notons que si l'intercalation d'alkylammonium se fait sans modification de la structure des feuillets dans le cas de la magadiite et de la kenyaite, il n'en est pas de même lorsque des phyllosilicates alcalins faiblement condensés, tels que la silinaite ou la kanémite sont utilisés. En effet la formation de silicium Q^4 (alors que la kanémite ne contient que des siliciums Q^3) a été rapportée lors de son intercalation de kanemite avec des ions hexadécyltriméthylammonium (Kimura et *al.* 2000). Ceci a été attribué à une condensation intrafeuillet des silanols. La présence de silicium Q^4 après intercalation de différents ammoniums quaternaires entre les feuillets de la silinaite (qui contient également uniquement des silicium Q^3) a également été rapportée par Thiesen (Thiesen 2000). Mais ces auteurs postulent un degré plus élevé de désorganisation structurale, avec une désintégration de la structure de la silinaite en fragments colloïdaux qui s'organisent par la suite autour des micelles de surfactants pour donner lieu à la formation de matériaux mésoporeux (figure I.11).

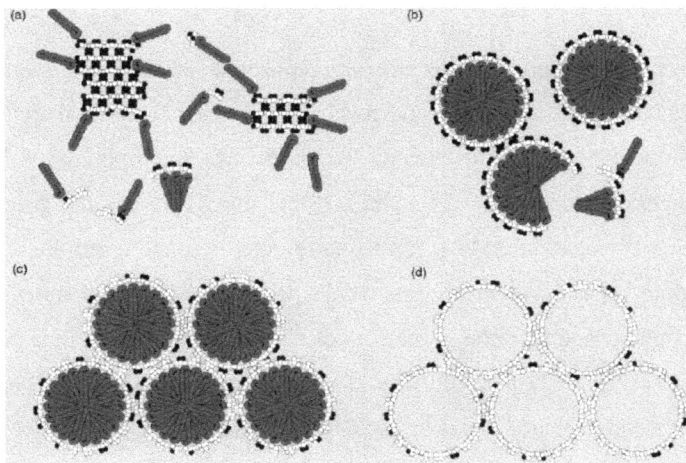

Figure I.11: *modèle de Thiesen (Thiesen 2000).*

L'intercalation d'alkylammoniums à chaîne longue est également possible dans les silicates lamellaires organiques qui présentent de fortes similitudes structurales avec les phyllosilicates alcalins). Cependant, il semble que l'échange ionique soit plus difficile à réaliser dans ces matériaux que dans les phyllosilicates alcalins. C'est en particulier le cas pour le MCM-22(P), pour lequel l'échange ionique doit être effectué à un pH élevé du fait d'une interaction forte entre les feuillets (Roth et *al.* 2002)

IV.3. les phyllosilicates comme précurseurs de matériaux catalytiques

L'utilisation, tels quels, des phyllosilicates comme supports de catalyseurs n'a jamais été développée du fait de leur faible surface spécifique (entre 15 et 35 $m^2.g^{-1}$), une surface brute trop faible pour en faire des supports attractifs. Ils peuvent par contre être utilisés comme précurseurs pour la préparation de plusieurs matériaux qui ont des applications potentielles en tant que supports de catalyseurs.

a) matériaux obtenus par intercalation de piliers inorganiques

L'intercalation de piliers inorganiques entre les feuillets d'argiles est couramment utilisée pour élaborer des matériaux microporeux. Ainsi, le remplacement total des ions sodium d'une magadiite par des protons a permis à Wong et *al.* (1993) d'introduire dans l'espace interfoliaire de la magadiite préalablement intercalé par de l'n-hexylamine, des polyoxocations d'alumine, connus sous le nom d'Al_{13} ou d'ions Keggin $(Al_{13}O_{14}(OH)_{24}(H_2O)_{12})^{7+}$, dont le diamètre est environ égal à 8,6Å. Le produit final est un catalyseur acide avec une distance interfoliaire de l'ordre de la microporosité. Cette étude souligne qu'une Na-magadiite de départ est retrouvée (Beneke et *al.* 1983) dès lors que ce matériau est mis en suspension avec des ions Na^+.

Le pontage des matériaux lamellaires inorganiques à partir d'alcoxydes de silicium est également une méthode attrayante d'obtention de matériaux poreux possédant une importante stabilité thermique (Ogawa et *al.* 1998) utiles en catalyse hétérogène (Kwon et *al.* 2000). En effet, la taille des pores est en principe contrôlable par la hauteur des piliers entre les feuillets (Sprung et *al.* 1990, Wong et *al.* 1993). Une étape de pré-gonflement de l'espace interfoliaire par des ammoniums quaternaires (Na-magadiite) ou des amines à longues chaînes. (H-magadiite) est nécessaire pour l'élaboration de tels matériaux. Kwon et al. (2000) ont intercalé simultanément du TEOS (TetraEthylOrthoSilicate) et de la dodécylamine dans une H-magadiite. Cette intercalation présente l'avantage d'être rapide et peu coûteuse en réactif. Elle donne lieu à une magadiite pontée par des siloxanes, dont les propriétés sont proches de celles des matériaux mésoporeux MCM-41 et qui peuvent offrir des nouvelles opportunités d'application en catalyse hétérogène. Ces synthèses conduisent à des hauteurs de piliers comprises entre 30,2 et 39,2 Å, et à des surfaces BET à l'azote après calcination comprises entre 607 et 830m^2/g.

b) matériaux obtenus par délamination ou exfoliation

L'exfoliation est une autre méthode utilisée pour produire des matériaux de surface spécifique élevée à partir de phyllosilicates, et en particulier d'argiles. Cette technique a pour but de générer des structures « en château de carte » (Occelli et *al.* 1984) à partir des feuillets du matériau lamellaire. Il s'agit donc dans un premier temps de supprimer la cohérence entre les feuillets, puis ensuite de "geler" la structure ainsi obtenue.

Cette technique a récemment été appliquée par l'équipe de Corma à la préparation de matériaux non poreux de haute surface spécifique à partir de PREFER (ITQ-6), de MCM22(P) (ITQ-2) et de NU-6(2) (ITQ-18), trois structures lamellaires rencontrées lors de la synthèse de zéolithes (Corma et *al*. 1998, 1999, 2000, 2001, 2002) (Corma 2003).

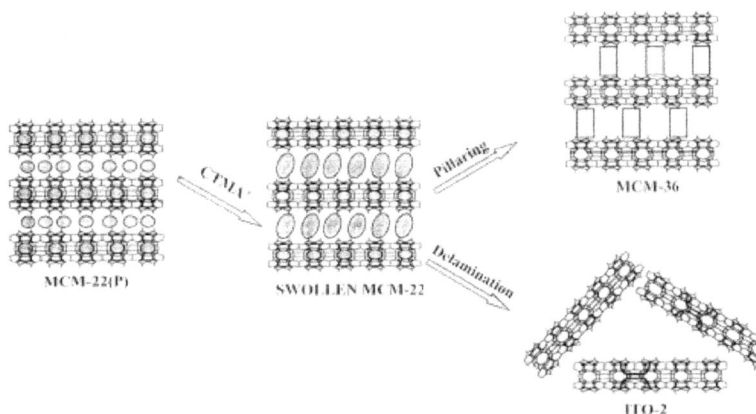

Figure I.12: *Les étapes de la synthèse du matériau délaminé « ITQ-2 » ; d'après (Corma et al. 2000).*

Ces nouveaux matériaux sont obtenus en deux étapes: dans un premier temps la structure lamellaire est intercalée (en milieu basique) par du cétyltriméthylammonium et dans un deuxième temps le matériau intercalé est traité aux ultrasons pour faire perdre la cohérence entre les feuillets de silicates. Les matériaux obtenus après calcination présentent des surfaces spécifiques élevées (de l'ordre de 600 $m^2.g^{-1}$) avec une faible contribution microporeuse.

c) autres utilisations des phyllosilicates

La magadiite peut également être utilisée comme précurseur lors de la synthèse de certaines structures zéolithiques (Kooli et *al.* 2001). Notons en particulier l'approche originale de Ko et *al.* (reprise récemment par Corma et *al.*) qui affirment avoir préparé une silicalite contenant des ions cobalt dans le réseau silicique à partir d'une magadiite échangée au cobalt (Ko, et *al.* 2001). De plus, la magadiite intercalée par copolymérisation est utilisable dans le domaine des nanocomposites homogènes silice-polymère organique (Isoda et *al.* 2000).

V. Orientation de l'étude

L'ensemble des données bibliographiques développées ci-dessus fait apparaître que la magadiite a été largement étudiée pour ses propriétés d'échange et en vue de l'utilisation à des fins industrielles. Pourtant, et malgré le recours à un grand nombre de techniques expérimentales, les différentes tentatives d'établissement de sa structure cristallographique ont échoué.

L'étude de la magadiite en tant que support catalytique à haute surface spécifique (pour la fabrication des catalyseurs supportés) n'a été pas développée dans la littérature. Ce matériau qui présente une structure lamellaire de feuillets silicatés possède une surface spécifique entre 15 et 35 m^2/g environ avec une densité superficielle de groupes silanols de l'ordre de 4-5 OH/nm^2. Sa surface brute est donc nettement trop faible pour en faire un support attractif.

Nous allons proposer une démarche afin d'obtenir des nouveaux supports attrayants pour des réactions dans lesquelles la présence d'une fonction acide de Brønsted est nécessaire (hydrodésulfuration, isomérisation, etc.). Cette voie, inspirée par les travaux de l'équipe de

Corma sur la préparation de matériaux de surface spécifique élevée à partir de précurseurs lamellaires de zéolithe, consistera à appliquer une procédure de délamination (ou exfoliation) à des phyllosilicates alcalins ayant éventuellement de l'aluminium en substitution isomorphe dans les feuillets. L'étude bibliographique que nous avons présentée ici montre bien les aspects prometteurs d'une telle étude. En effet la préparation de magadiite substituée à l'Al est beaucoup plus simple et beaucoup moins onéreuse que la préparation des silicates lamellaires organiques utilisés pour la préparation des ITQ-2, -6, -18. La procédure de délamination proposée par l'équipe de Corma devrait pouvoir s'appliquer aux phyllosilicates alcalins de type magadiite. De plus les études d'acidité effectuées sur l'Al-magadiite montre que l'acidité des sites de surface de ce matériau est similaire à celle d'une zéolithe (cf. infra, Chapitre IV). Sa délamination, en augmentant considérablement le nombre de sites de surface, devrait donc conduire à un matériau présentant une forte acidité de Brønsted. Mais, parmi tous les phyllosilicates alcalins existants, seuls certains ont une stabilité structurale suffisante pour conserver leur structure aux cours des différentes étapes conduisant au matériau délaminé. En particulier nous avons vu que les phyllosilicates très faiblement condensés comme la kanémite sont instables, sans doute dès l'étape d'intercalation des ions ammonium. Par contre, la magadiite, et probablement aussi la kényaite, qui possèdent les feuillets les plus épais, ont aussi une stabilité plus grande.

Après la description des procédures expérimentales, nous commencerons par présenter dans ce manuscrit les résultats concernant la délamination de magadiite et de kényaite purement siliciques et la caractérisation des matériaux obtenus aux différentes étapes du processus de délamination. Nous nous attacherons plus particulièrement à vérifier à chaque étape si l'intégrité des feuillets de silicate bien été conservée.

Par la suite nous décrirons la caractérisation d'Al-magadiite et Al-kényaite et des matériaux obtenus par délamination de ces phyllosilicates. Une attention particulière sera prêtée à la localisation de l'aluminium avant et après délamination.

Ensuite nous étudierons plus en détail les différents paramètres expérimentaux qui permettent une optimisation de la délamination.

Enfin, dans la dernière partie, les matériaux délaminés seront utilisés comme supports pour la préparation de catalyseurs Mo supportés. Les catalyseurs Mo ainsi synthétisés seront testés en hydrodésulfuration.

Afin de mettre en évidence le rôle de nos supports siliciques et silicoaluminiques synthétisés en hydrodésulfuration, une étude bibliographique sur les catalyseurs d'HDS modèles, leurs différents modes de synthèses et leurs activités catalytiques et également les caractéristiques du procédé d'hydrodésulfuration sera nécessaire.

VI. Les catalyseurs d'Hydrodésulfuration (HDS)

VI.1. Le procédé d'hydrodésulfuration

L'hydrotraitement est un des procédés clés des raffineries modernes pour la production de combustibles automobiles. Le terme "hydrotraitement" englobe plusieurs procédés tels que l'hydrodésulfuration (HDS), hydrodéazotation (HDN) et l'hydrodéaromatisation (HAD). La prise en compte des exigences environnementales est à l'origine d'un besoin toujours renouvelé de nouveaux catalyseurs plus performants. Ces exigences environnementales se traduisent par des législations de plus en plus sévères à travers le monde, aussi bien aux Etats-Unis, qu'en Europe ou en Asie (un abaissement de la teneur en soufre des combustibles automobiles à la limite ultime de 0 ppm est à prévoir dans les 5 à 10 prochaines années). Les catalyseurs d'hydrotraitement actuels consistent majoritairement en des sulfures mixtes (CoMo, NiMo, NiW) supportés sur des alumines gamma de surface spécifique élevée (~300 $m^2.g^{-1}$). L'activité de ces catalyseurs doit cependant être augmentée pour répondre aux nouvelles législations. Ce résultat peut être obtenu soit en modifiant la composition de la phase active, soit en utilisant des supports autres que l'alumine. Ainsi, de nombreux supports ont été proposés en remplacement de l'alumine (charbon actif, silice, oxyde de titane, zircone, zéolithe, argile) (Breysse et *al.* 1991), qui possèdent non seulement des propriétés chimiques mais aussi des propriétés de texture différentes de celles de l'alumine γ. Ces différences peuvent conduire à une modification de la taille, de la morphologie, des propriétés électroniques ou de la sulfurabilité de la phase active, qui ont des conséquences importantes sur son activité catalytique.

VI.2. Les phases sulfures

La structure du MoS_2 est lamellaire, les atomes de molybdène étant situés entre deux couches d'atomes de soufre (Chianelli. et *al.* 1985). Chaque atome de molybdène est entouré de 6 atomes de soufre formant un prisme trigonal (Byskov et *al.* 1997) (Sun et *al.* 2004). La longueur de feuillets pour les catalyseurs supportés (après sulfuration) peut varier de 2 à 5 nm et leur empilement est compris entre 1 et 5 feuillets selon le support et les conditions de sulfuration (Eijsbouts et *al.* 1993).

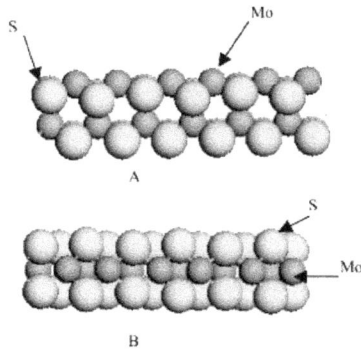

Figure I.13: *Modèle stœchiométrique de MoS$_2$: (A) vue de face (B) vue de dessus.*

La perte d'atomes de soufre par réduction par l'hydrogène présent dans le milieu engendre la création de lacunes de soufre, les CUS (coordinatively unsaturated sites figure I.14). Les CUS sont situés sur les plans de bord puisque les atomes de soufre des plans de base ne sont pas affectés par la réduction (Salmeron et *al.* 1982) (TropsØe et *al.* 1993). Daprès le modèle de Kaszeltan (Kasztelan et *al.* 1984), la stœchiométrie MoS$_2$ correspond à une structure dont les sites de bord sont pour moitié lacunaires (figure I.14). Ces lacunes sont considérées comme étant les sites actifs impliqués dans les réactions d'hydrodésulfuration (Okamato et *al.* 1980) (Massoth et *al.* 1984). Elles sont en effet nécessaires à l'adsorption du composé à désulfurer sur le catalyseur (Startsev et *al.* 2000).

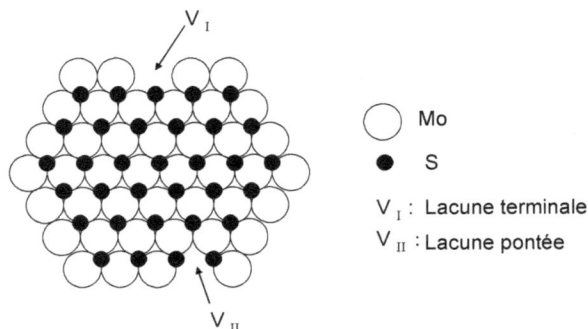

Figure I.14: *Modèle de MoS₂ de Kasztelan (Kasztelan et al. 1984).*

Sur catalyseurs molybdène non promu, l'adsorption de CO sur les sites du feuillet MoS₂ donne lieu à une bande entre 2124 et 2110 cm^{-1} (selon la nature du support). Une bonne corrélation a été montrée entre le nombre de sites de bords du feuillet de MoS₂ détectés par adsorption de CO à basse température (~ -170°C) et le nombre de sites de bords calculés à partir de la taille des feuillets mesurée par microscopie électronique et d'un modèle géométrique (Breysse et *al.* 1991).

VI.3. La fonction acide en hydrodésulfuration

L'ajout d'une fonction acide aux catalyseurs d'hydrodésulfuration a souvent été étudié en employant des zéolithes comme supports (Pérot, 2003). Isoda et al. (Isoda et *al.* 1996) ont ainsi montré que la combinaison d'une zéolithe Ni/HY et d'un catalyseur CoMo/Al₂O₃ était à l'origine d'une nouvelle voie de désulfuration des espèces soufrées réfractaires, propice à une augmentation de l'activité, due à l'isomérisation (ISOM) du 4,6-DMDBT en 3,6-DMDBT. Ce dernier composé est plus réactif en HDS que le 4,6-DMDBT (moindre gêne stérique des groupements méthyles).

Par ailleurs, l'acidité du support peut également modifier les propriétés électroniques de la phase supportée, comme cela a été démontré dans le cas de phases métalliques supportées sur des zéolithes (de Mallman et al. 1989). Dans le cas du sulfure de molybdène, cette modification des propriétés électroniques a été mise en évidence aussi bien pour des silices-alumines commerciales (Crépeau, thèse 2002) que pour des zéolithes (Hédoire et *al.* 2003). La présence de sites acides à proximité des cristallites de MoS_2 diminue la densité électronique de cette phase sulfure. Ce phénomène a été mis en évidence par un déplacement de la bande de $\nu(CO)$ adsorbé sur les CUS (voir figure 15) de 2122 et 2158 cm^{-1} entre une zéolithe Siβ (Si/Al=∞) et une zéolithe HAlβ (Si/Al=13.8) (Hédoire et *al.* 2003) et de 2118 cm^{-1} à 2128 cm^{-1} pour une série de silices-alumines d'acidités variables (Crépeau, thèse 2002). Cette modification des propriétés électroniques de la phase sulfure conduit à une augmentation de l'activité catalytique en hydrodésulfuration du dibenzothiophène (Hédoire et *al.* 2003).

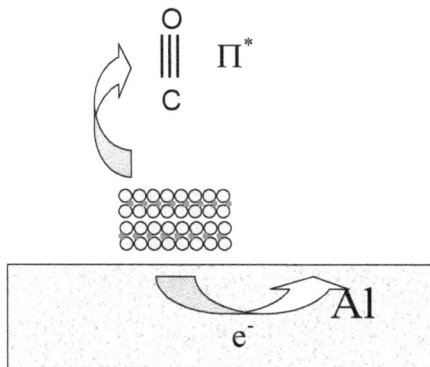

Figure I.15: *effet électronique de l'acidité du support sur les propriétés électroniques de la phase MoS₂ supportées; conséquence sur la position de ν(CO).*

VI.4. La préparation des catalyseurs HDS

L'objectif principal lors de la préparation de catalyseur HDS est d'avoir une dispersion élevée de la phase active (ex. MoS_2) sur le support.

La préparation des catalyseurs supportés comporte, en général, quatre étapes (Pinna 1998) :

1. L'introduction (le plus souvent lors d'une étape d'imprégnation à humidité naissante en solution aqueuse) des précurseurs métalliques sur les supports
2. Le séchage des supports
3. Le traitement thermique
4. La sulfuration

Pour simplifier cette préparation, nous avons choisi une méthode un peu différente qui est *le mélange mécanique de MoO₃* avec le support considéré suivi d'une étape de calcination.

Le mélange mécanique du MoO_3 avec les supports oxydes suivi d'un traitement thermique prolongé est une méthode simple qui permet l'introduction d'espèces de molybdène dans la porosité des supports sans engendrer d'effondrement de la structure mésoporeuse, observée par d'autres méthodes de déposition du métal comme la méthode d'imprégnation.

Avant le traitement thermique, tous les catalyseurs présentent des cristaux de MoO_3 localisés à l'extérieur des supports. Le traitement thermique (T>450°C) permet la migration des espèces de MoO_3 dans la porosité La dispersion spontanée d'oxyde de molybdène sur la surface de l'alumine et de la silice a été étudiée par Xie et *al.* (Xie et *al.* 1990). Ces auteurs ont déterminé expérimentalement une capacité de dispersion de MoO_3 sur la silice de 1,9 $\mu mol.m^{-2}$, alors que l'alumine présente une capacité de 8,5

μmol.m^{-2}, ce qui correspond à une monocouche de MoO$_3$. Cette différence peut être attribuée à la basicité des hydroxyles des groupements silanols ($\equiv$Si-OH) et ceux de l'alumine (Al-OH) (Roark et *al.* 1992). De plus, l'alumine présente une densité plus élevée de groupements OH que la silice.

Les mécanismes de diffusion thermique du MoO$_3$ (*ou thermal spreading*) sur l'alumine ont été les plus étudiés. Récemment, Grünther et *al.* (Grünther et *al.* 2004) ont mis en évidence que ces mécanismes de diffusion ont lieu en phase gazeuse par la formation d'espèces «MoO$_3$» (probablement ([MoO$_3$)$_3$]) qui sont ensuite réadsorbées sur la surface du support. Il est maintenant connu que la diffusion thermique du MoO3, est également possible sur les silices avec les mêmes mécanismes que ceux sur l'alumine. Braun et *al.* (Braun et *al.* 2000) ont en effet mis en évidence, par spectroscopies Raman et FTIR, la formation d'espèces de molybdène réagissent avec les groupements hydroxyles de la silice. Les groupements $\equiv$Si−OH et/ou Si−O−Si peuvent interagir avec les espèces de «MoO$_3$» et générer des ponts Si−O−Mo.

VI.5. La sulfuration des catalyseurs HDS

Le traitement thermique des catalyseurs à base de molybdène en présence d'une source de soufre est indispensable pour obtenir les phases actives (MoS$_2$ et NiMoS) responsables de la réactivité des catalyseurs en hydrodésulfuration (Delmon 1999). Industriellement, la sulfuration s'effectue en présence d'agents sulfurants (i.e. diméthylsulfure, H$_2$S, CS$_2$), et d'hydrogène à des températures de l'ordre de 300-400°C et des pressions comprises entre 0,2 et 5MPa (Echard et *al.* 2001).

Le degré de sulfuration des catalyseurs et un paramètre très important pour leur efficacité. Ce facteur peut dépendre de la nature des molécules sulfurantes (Prada et *al.* 1989) (Texier et *al.* 2004) et de la température de sulfuration (MacArther 2001). Une température trop basse entraîne une sulfuration incomplète alors qu'une température trop élevée pourrait conduire au frittage des phases actives (MoS_2 ou NiMoS).

Références

Almond G.G., Harris R.K., Franklin K.R. and Graham P., *J. Mater. Chem.*, **1996**, 6, 843.

Almond G.G., Harris R.K., Franklin K.R., *J. Mater. Chem.*, **1997**, 7, 681.

Almond G. G., Harris R. K. and Graham P., *J. Chem. Soci., Chem. Comm.*, **1994**, 851.

Araya A., Lowe B.M., *J. Chem. Res.*, **1985**, 23,192.

Annehed H., Faelth, L., Lincoln F.J., *Zeitschrift fur Kristallographie*, **1982**, 159, 203.

Ahuja A.A., Derrien M.L., le Page J.L., *Ind. Eng. Chem. Prod. Res. Dev.*, **1970**, 9, 272.

Apperley, David C., Hudson M., Keene J., Matthew T. Knowles J., James A., *J. Mater. Chem.,* **1995**, 5(4), 577.

Brandt A., Schwieger W. and Bergk K.H., *Rev. Chim. Miner.*, **1987**, 24, 564.

Brandt A., Schwieger W. and Bergk K.H *Cryst. Res. Tech..*, **1988**, 23, 1201.

Brandt A., Schwieger W., Grabner P. and Porsch M., *Cryst. Res. Tech..*, **1989**, 24, 47.

Brindley G.W., *Miner. Am.*, **1969**, 54, 1583.

Borbely G., Beyer H.K., Karge H.G., *Clays Clay Miner.*, **1991**, 39, 490.

Bricker O.P., *Am. Mineralogist*, **1969**, 54, 1026.

Bernn U., Schwieger W., Wuttig K., *Colloïd polym. Sci.*, **1999**, 277, 394.

Braun S., Appel L.G., Camorim V.L., Schmal M., *J. Phy. Chem. B*, **2000**, 104, 6584.

ByskovL. S., Hammer B., Nørskov J. K., Clausen B. S. et Topsøe H., *Catal. Lett.*, **1997,** 47, 177.

Breysse M., Portefaix J.L., Vrinat M., *Appl. Catal.*, **1991**, 10, 489.

Crone I.A., Franklin K.R. and Graham P. *J. Mater. Chem.*, **1995**, 5(11), 2007.

Corma A., Fornes V., Pergher S. B., Maesen T. L. M. and Buglass J. G., *Nature (London)*, **1998** 396, 353.

Corma A., Fornes V., Martinez-Triguero J. and Pergher S. B., *J. Catal.*, **1999**, 186, 57.

Corma A., Fornes V., Guil J. M., Pergher S., Maesen T. L. M. and Buglass J. G. *Micro. and Meso. Mater.*, **2000** 38, 301.

Corma A., Diaz U., Domine M. E. and Fornes V., *Chem. Comm.*, **2000**, 137.

Corma A., Diaz U., Domine M. E. and Fornes V., *J Am. Chem. Soci.*, **2000** 122, 2804.

Corma A., Diaz U., Domine M. E. and Fornes Angewandte V., *Chemie International Edition*, **2000**, 39, 1499.

Corma A., Diaz U., Fornes V., Guil J. M., Martinez-Triguero J. and Creyghton E. J., *J. Catal.*, **2000**, 191, 218.

Corma A., Martinez A. and Martinez-Soria V., *J. Catal.*, **2001**, 200, 259.

Corma A., Gonzalez-Alfaro V. and Orchilles A. V., *J. Catal.*, **2001**, 200, 34.

Corma A., Garcia H. and Miralles J., *Micro. Meso. Mater.*, **2001** 43, 161.

Corma A., Fornes V. and Diaz U., *Chem. Comm.*, **2001**, 2642.

Corma A. and Fornes V., *Stud. Surf. Sci. & Catal.*, **2001** 135, 3579.

Corma A., Diaz-Cabanas M. J., Martinez-Triguero J., Rey F. and Rius J., *Nature,* **2002** 418, 514.

Corma A., *J. Catal.*, **2003** 216, 298.

Castellan A., Bart J.C.J., Vaghi A. and Giordano N., *J. Catal.*, **1976**, 42, 162.

Che M., and McAteer J.C., *J. Chem. Soc. Faraday Trans. 1*, 1978, 74, 237.

Crone, Ian A., Franklin, Kevin R., Graham, Peter, *J. Mater. Chem.,* **1990**, 5(11), 2007.

Chianelli.R. R., Heinemann H., Somorjai Eds G. A., Dekker M., *Catal. & surf. Sci.,***1985**, 435.

Dorïng J., Lagaly G., Beneke K., Dékany I., *Colloïd and Surf. A: Physicochemical and engineering Aspects*, **1993**, 71, 219.

Dialey J.S., Pinnavaia, T., *J. Chem. Mater*, **1992**, 4, 855.

De Beer V.H.J. and Schuit G.C.A., in Delmon B., Jacobs P. and Poncelet G. *(Eds), Preparation of catalysts, Elsevier Scientific Publ. Co, Amsterdam*, **1976**, p. 343.

De Mallmann A., Bathomeuf D., *Stud. Surf. Sci. & Catal.*, **1989**, 46, 429.

Eugster H.P., *Science*, **1967**, 157, 1177.

Eypert-Blaison, Michot C., Humbert L. J., Pelletier B.;, Villieras M., F. d'Espinose de la Caillerie, J.-B., *J. Phys. Chem. B,* **2002**, 106, 730.

Echard M., Leglise J., *Catal. Lett.,* **2001**, 72(1-2), 83.

Eijsbouts S., Heinerman J. J. L. et Elzerman H. J. W., *Appl. Catal. A*, **1993**, *105*, 53.

Fletcher R.A. and Bibby D.M., *Clays and Clay Miner.*, **1987**, 35, 318.

Garcés J.M., Rocke, S.C., Crowder C.E., Hasha D.L. 1988, *Clays and Clay Miner.*, **1988**, 36, 409.

Gardiennet C., Tekely P., *J. Phys. Chem. B*, **2002** 106, 8928.

Gardiennet C., Marica F., Fyfe C. A. and Tekelym P., *J. Chem. Phys.*, **2005,** 122, 418.

Grice J. D., *Cana. Mineralogist*, **1991**, 29, 363.

Garvie L.A.J., Devouard B., Groy T.L., Camara F., Buseck P.R., *Am. Miner.*, **1999**, 84, 1170.

Grange P., *Cat. Rev. Sci, Eng.,* **1980**, 21, 135.

Huang Y., Jiang Z. and Schwieger W., *Canadian J. Chem.*, **1999**, 77, 495.

Huang Y., Jiang Z. and Schwieger W., *Chem. Mater.*, **1999**, 11, 1210.

Hanaya M., Harris R.K., *J. Mater. Chem.*, **1998**, 8, 1073.

Houser B.B., *Abstracts, Combined 17th Annual Meeting Northeastern Section and 31st Ann. Meet. Southeastern Section, Geol. Soc. Amer.*, **1982**, 14, 27.

Hédoire C.-E., Louis C., Davidson A., Breysse M., Mauge F. et Vrinat M., *J. Catal.*, **2003**, 220, 433.

Inagaki S., Yamada Fukushima Y. and Y., *Stud. Surf. Sci. & Cata.*, **1997**, 105A 109.

Isoda k., Kuroda K., Ogawa, M., *Chem. Mater.*, **2000**, 12.

Isoda T., Nagao S., Ma X., Korai Y. et Mochida I., *Energy & Fuels*, **1996**, *10*, 1078.

Jeong S.Y., Lee J.M., *Bull. Korean Chem. Soc.*, **1998**, 19, 2, 218.

Kimura M., Nakato T., Okuhara T., *Appl. Catal. A*, **1997**, 165, 227.

Kim Y., Kim H., Lee J., Sim K., Han Y., Paik H., *Appl. Catal. A*, **1997**, 155, 15.

Ko Y., Kim M. H., Kim S. J. and Uh Y. S., *Korean J. Chem. Engineering*, **2001** 18, 392.

Kooli F., Kiyozumi Y. and Mizukami F., *Chem. Phys. Chem.*, **2001** 2, 549.

Kooli F., Kiyozumi Y. and Mizukami F., *New J. Chem.*, **2001**, 25, 1613.

Kwon O., Shin H., Choi S., *Chem. Mater.*, **2000**, 12, 1273.

Kruse H.H., Beneke K., Lagaly G., *Colloïd and polym. Sci.*, **1989**, 267, 844.

Kosuge K. and Puyam S. Singh, *Chem. Lett.*, **1999**, 9.

Kasztelan S., Toulhoat H., Grimblot J. et Bonnelle J.P., *Appl. Catal.*, **1984**, 13, 127.

Lagaly G., Beneke K. and Weiss A., *Am. Miner.*, **1975**, 60, 650.

54

Maglione G., *Alsace-Lorraine Serv. Carte Geol. Bull.*, **1970**, 23, 177.

McAtee J.L., House R. and Eugster H.P., *Am. Mineralogist*, **1968**, 53, 2061.

Massoth F. E., Muralidhar G. et Shabtai J., *J. Catal.*, **1984,** *85*, 53.

Ogawa M. Miyoshi M., Kuroda K., *Chem. Mater.*, **1998**, 10, 3787.

Occelli M. L., Landau S. D., and Pinnavaia, Th. J., *J. Catal.*, **1984**, 90, 256.

Okamoto Y., Tomioka H., Imanaka T. et Teranishi S., *J. Catal.*, **1980,** *66*, 93.

Pinnavaia T.J., Johnson I.D., Lipsicas M., *J. Solid. State Chem.*, **1986**, 63, 118.

Pastore H. O., Munsignatti M. and Mascarenhas A. J. S., *Clays and Clay Miner.*, **2000**, 48, 224.

Prada Silvy R., Grange P., Delannay F., Delmon B., 1984, *Am. Chem. Soci.*, *Divison of Petroleum Chemistry*, **1987**, 32(2), 287.

Pérot G., *Catal. Today*, **2003,** *86*, 111.

Roark R.D., Kohler, S.D., Ekerdt J.G., *Catal. Lett.,* **1992**, 16(1-2), 71.

Rojo J.M., Ruiz-Hitzky E., Sanz J. and Serratosa J.M., *Rev. Chim. Miner.*, **1983**, 20, 807.

Rojo J.M., Ruiz-Hitzky E., Sanz J., *Inorg. Chem.*, **1988**, 27, 2785.

Rojo J. M., Sanz J., Ruiz-Hitzky E. and Serratosa J.M., *Z. Anorg. Allg. Chem.*, **1986**, 540/541, 227.

Rooney T.P., *Am. Mineralogist*, **1969**, 1034.

Roth W. J. and Vartuli J. C., *Stud. Surf. Sci. & Cata.*, **2002**, 141, 273.

Schwieger W., Heidemann D., Bergk K-H, *Rev. Chim. Miner.*, **1985**, 22, 639.

Surdam R.C., Eugster H.P., Mariner R.H., *Bull. Geol. Soc. Amer.*, **1972**, 83, 2261.

Sprung R., Davis M.E., Kauffman J.S., Dybowski C., *Ind. Eng. Chem. Res.*, **1990**, 29, 213.

Sun M., Adjaye J. et Nelson A. E., *Appl. Catal. A*, **2004**, *263*, 131.

Startsev A. N., *J. Mol. Catal. A*, **2000**, *152*, 1.Thiesen P., Beneke K. and Lagaly G., *J.Mater. Chem.*, **2000**, 10, 1177.

Terrès E. and Dominguez J.M., *Symposium on Synthesis of zeolites, layered coumpounds and other microporous solids, American society Anaheim*, **1995**, 261.

Texier S., Berhault G., Pérot G., Dielh F., *J. Catal.*, **2004**, 293, 105.

Topsøe H., Clausen B.S., Burriescu N., Candia R., Morup S., in Delmon B. Grange P., Jacobs P. and Poncelet G., *(Eds), Preparation of catalysts II, Elsevier Scientific Publ. Co*, **1979**, p. 479.

Vortmann S., Rius J., Marler B., Gies H., *Eur. J. Miner.*, **1999**, 11, 125.

Van der Gaag F.J., Jansen J.C., Van Bekkum H., *App. Catal.*, **1985**, 17, 261.

Vortmann S., Rius J., Marler B., Gies H., *Eur. J. Miner.*, **1999**, 11, 125.

Vaghi A., Castellan A., Bart J.C.J., Giordano N. and Regacioni M., *J. Catal.*, **1976**, 42, 381.

Wong S.T., Cheng S., *Chem. Mater.*, **1993**, 5, 770.

Wolf I., Gies H. and Fyfe C. A., *J. Phys. Chemi. B*, **1999**, 103, 5933.

Wang Z. and Pinnavaia T. J., *Chem. Mater.*, **1998**, 10, 1820.

Xie Y.-C., Tang Y.-Q. In *advances in catalysis* ; Eley D.D., Pines H. et Weiz P.B. Eds.; Harcourt Brace Javanovich: San Diego, California, **1990**, 37, 329.

Chapitre II

"Partie expérimentale"

I. Synthèse

I.1. les phyllosilicates purement siliciques

Na-magadiite: La magadiite a été synthétisée d'après la procédure de Kosuge (Kosuge et *al.* 1996). Le mélange de départ, de composition $SiO_2/NaOH/H_2O = 1/0,1/5,3$ (rapports molaires), a subi une synthèse hydrothermale à 150°C pendant 72 h, avec agitation sous une vitesse de rotation de 200 tours/min.

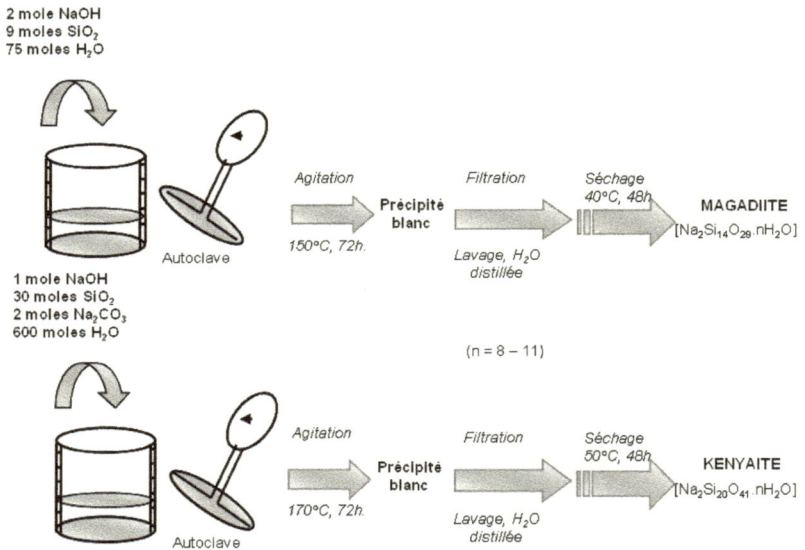

Figure II.1: *Procédure de synthèse de la magadiite et la kényaite.*

La source de silice employée est le Ludox HS-40 (40 % SiO_2 en poids, Aldrich). La phase solide est ensuite lavée avec une solution de soude (pH ≥ 9) afin d'éviter l'échange Na^+ par H^+ dans le cas et ainsi de préserver la forme sodique de la magadiite. Elle est par la suite séchée durant 48 heures à 50°C (le séchage est réalisé à basse température de manière à éviter la condensation entre les feuillets qui nuirait à la délamination). La phase solide présente le diffractogramme (figure II.1) de la magadiite avec une distance (d_{001}) égale à 15,6Å.

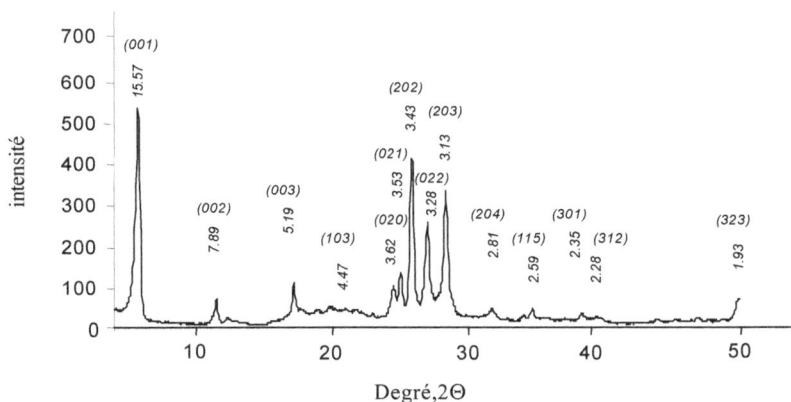

Figure II.2: Spectre DRX de la Na-magadiite de synthèse.

Na-kényaite: La kényaite a été préparée d'après la procédure de Jeong et *al.* (Jeong et *al.* 1996). Le mélange de départ, qui se compose des rapports $SiO_2/NaOH/H_2O/Na_2CO_3 = 9/1/600/2$, a subi une synthèse hydrothermale entre 150-160°C pendant 70-80 heures, sans agitation. Le produit final a été lavé à l'eau distillée et séché à 40°C durant une nuit. La source de silice employée était le Ludox HS-40 (40 % SiO_2 en poids, Aldrich). La phase solide présente le diffractogramme (figure II.1) de la kenyaite avec une distance (d_{001}) égale à 19,8Å.

La kényaite a été aussi synthétisée selon la procédure de Kikuta et *al.* (2002) pourtant le solide obtenu était un mélange d'une kényaite et d'une cristobalite.

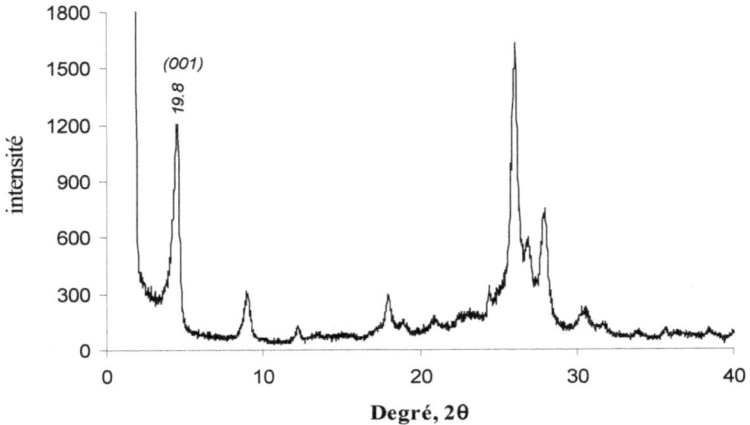

Figure II.3: *Spectre DRX de la Na-kényaite de synthèse.*

I.2. Introduction d'aluminium dans les feuillets des phyllosilicates

Afin de conférer à la magadiite et à la kényaite des propriétés acides de Brønsted, nous avons introduit de l'aluminium dans les feuillets de la magadiite et de la kényaite dans des rapports bien déterminés. Dans ce travail, nous avons préparé des magadiites aluminosiliciques avec les rapports Si/Al =20, 25, 30 et 45 et deux kényaite aluminosiliciques avec les rapports Si/Al = 20 et 30.

Na-[Si,Al]-magadiite et Na-[Si,Al]-kényaite: Aux mélanges réactionnels de la Na-magadiite et de la Na-kényaite, on ajoute des proportions bien définies d'aluminium. La Na-[Si,Al]-magadiite a été préparée d'après les données de Schwieger (Schwieger et *al.* 1995). Le mélange de départ, qui se compose de $9SiO_2/2NaOH/75H_2O/2 Na_2CO_3/xAl_2O_3$ (où x= nombre de mole de Al_2O_3, x=0,225 ; 0,15 ; 0,1) a subi une synthèse hydrothermale à 140°C, durant 10 jours (Al retarde la cristallisation des phases magadiite et kenyaite comme observé dans le cas de la magadiite par Schweiger et *al.* (Schwieger et *al.* 1995) puis a été séchée à 50°C pendant 48 heures. La synthèse de la Na-[Si,Al]-kényaite n'a pas été rapportée précédemment, elle a été effectuée dans les mêmes conditions que pour la Na-kényaite (Jeong et *al.* 1996). Le mélange de départ composé de $SiO_2/NaOH/H_2O/Na_2CO_3/Al_2O_3$ dans un rapport molaire 9/2/600/2/x (x=0,225 ; 0,15 et 0,1) a subi une synthèse hydrothermale à 170°C, avec agitation pendant 10 jours. Le produit final a été lavé à l'eau distillée et séché à 40°C durant 48 heures. La source d'aluminium utilisée pour toutes nos synthèses est l'oxyhydroxyde d'aluminium (AlOOH).

I.3. Gonflement des phyllosilicates avec $C_{16}TMA^+$

Le gonflement. Le gonflement est un phénomène qui consiste à augmenter la distance (d_{001}) entre les feuillets d'un matériau à structure lamellaire. Le gonflement est réalisé généralement par un échange ionique entre le cation minéral présent entre les couches du matériau lamellaire et un cation organique.

Magadiite (kényaite) gonflée. La magadiite organique a été synthétisée par une réaction d'intercalation des feuillets silicates de la Na^+-magadiite avec un alkylammonium quaternaire $RN(CH_3)_3^+$, R étant une chaine alkyle longue. La réaction d'échange cationique peut s'écrire comme suit :

$$Na_2 Si_{14} O_{29} \cdot n\,H_2O + xRN(CH_3)_3{}^+ \longrightarrow RN(CH_3)_{3\,(x)} Na_{(2-x)} Si_{14} O_{29} \cdot z\,H_2O$$
$$+ x\,Na^+ + (n-z)\,H_2O. \quad [n = 9,\ 10,\ 11]$$

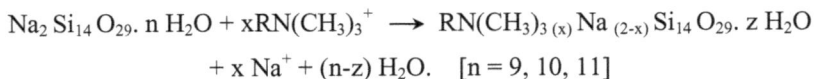

Pour gonfler la magadiite, 1g de Na^+-magadiite est mis en suspension dans 4g d'eau distillée (le pH de la suspension est nettement supérieur à 9), puis 19,44g d'une solution de bromure d'hexadecyltrimethylammonium (C_{16}TMABr 29% massique) sont ajoutés. L'ensemble est chauffé à 85°C durant 16 heures sous agitation (Corma et *al. 2000*), puis filtré sur fritté et séché à l'air. Cette procédure est répétée 2 fois. Un 3ème échange est ensuite effectué dans les mêmes conditions avec cette fois, en plus des 19,44 g de C_{16}TMABr, 6,1g d'une solution d'hydroxyde de tétrapropylammonium (TPAOH 40 % massique).

Le troisième échange a été effectué d'une manière successive. Après le premier gonflement de la magadiite, la solution est ensuite filtrée, ensuite le solide obtenu est lavé à l'eau distillé chaude (~80°C). Enfin, le solide est séché à 40°C pendant quelques heures (~4h). Une fois est devenue sèche, la magadiite subi de la même manière un second gonflement de 16h avec le C_{16}TMABr. Au troisième gonflement, le solide sec issu du second gonflement est mélangé avec 19,44g de C_{16}TMABr, 6,1g de TPAOH et 4 g d'eau, ensuite l'ensemble est chauffé à 85°C durant 16 heures sous agitation, après la magadiite en suspension subi la délamination sous effet ultrason.

Il existe une autre procédure de gonflement (Wang et *al. 1998*) qui consiste à suspendre 1g de magadiite dans 80ml d'une solution d'hexadecyltrimethylammonium (0,12M) avec agitation à 65°C durant 48 heures. Cette deuxième procédure a également été testée et a conduit au même résultat que la première procédure de gonflement.

I.4. Procédure de délamination

La délamination est une procédure qui consiste à supprimer la cohérence entre les feuillets d'un matériau lamellaire organisé après leur gonflement par un surfactant.

On peut la réaliser en plaçant le produit gonflé (en suspension) dans un bain à ultrason dans des conditions de temps et de température bien définies.

La magadiite et la kényaite ont été délaminées selon une procédure (Figure II.4) en trois étapes. L'échantillon obtenu après le 3ème échange est délaminé dans la solution d'échange (contenant C_{16}TMABr et TPAOH) dans un bain à ultrasons (40W, 35KHz) pendant 1 heure, en fixant le pH à une valeur de 12,5 et la température à 50°C. Finalement, la phase solide est séchée par lyophilisation afin d'éviter la réorganisation des feuillets silicates, ensuite le produit est calciné à 700°C pour 3h.

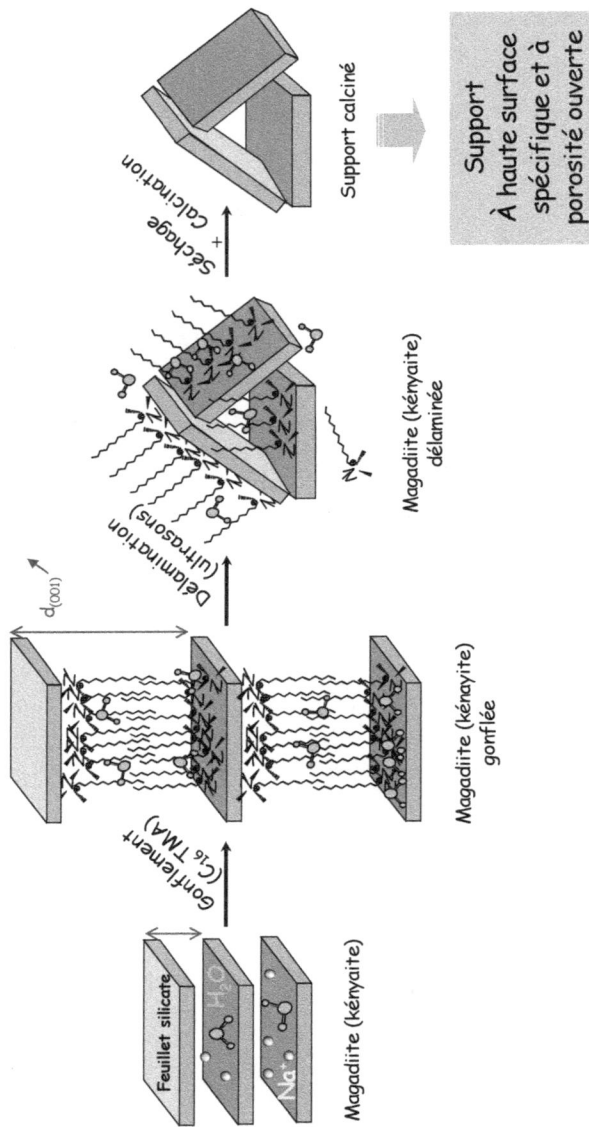

Figure II. 4: *Différentes étapes de la procédure de délamination.*

I.5. La lyophilisation ou séchage à froid

La lyophilisation est un procédé qui permet de retirer l'eau d'un produit en utilisant le principe de sublimation. La sublimation est le passage d'un élément de l'état solide à l'état gazeux sans passer par l'état liquide. Les différentes étapes de la lyophilisation sont:

1. La congélation du produit pour que l'eau qu'il contient devienne de la glace,

2. Ensuite sous l'effet du vide, la glace est sublimée sous forme de vapeur d'eau,

3. La vapeur d'eau est récupérée à l'aide d'un piège à basse température,

4. Une fois que toute la glace est sublimée, le produit est séché.

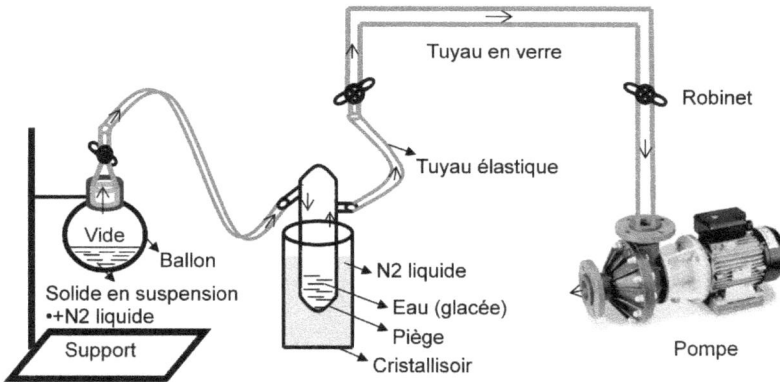

Figure II. 5: *Schéma représentatif du montage expérimental de la lyophilisation.*

La lyophilisation de nos échantillons a été réalisée comme suit:

1g (ou 2g) d'échantillon est placé dans un ballon (figure II.5) vide, ensuite une quantité d'azote liquide (~150 ml) est ajoutée dans le ballon pour assurer la congélation du produit. Le ballon est connecté à une rampe de vide. Un piège qui plonge dans l'azote liquide, est placé entre le ballon et la rampe pour assurer le piégeage des molécules d'eau à l'état gazeux.

I.6. Dépôt d'oxyde de molybdène

Le mélange mécanique est effectué en broyant manuellement durant 5 min une quantité adéquate d'oxyde de molybdène (MoO_3, Aldrich, 99%) avec les supports mésoporeux dans un mortier (Figure II.6). Ensuite le mélange subit un traitement thermique à 500°C sous air pendant 8h (avec une montée en température de 1°C.min^{-1}). Ce type de traitement (mélange mécanique et traitement thermique) favorise la migration des espèces de MoO_3 à l'intérieur de la porosité du support par des mécanismes de diffusion, comme montré pour le MoO_3 supporté sur alumine et conduit à la formation d'espèces Mo dispersées et/ou de petits clusters (Mestl et al. 1995 et 1996), (S. Günther et al. 2000) (S. Braun 2000).

I.7. Sulfuration des échantillons

Les sulfurations ont été réalisées in situ, soit dans la cellule IR soit préalablement au test catalytique d'hydrodesulfuration du thiophène (voir paragraphe test du thiophène de la partie *techniques expérimentales*).

FTIR: Après le compactage sous forme de pastilles, les catalyseurs sont évacuées in-situ à 300°C dans la cellule infrarouge avant d'effectuer toute adsorption de molécules sondes. Cette activation permet d'éliminer l'eau partiellement adsorbée sur la surface de nos supports et conduit à une déshydroxylation partielle de la surface. L'activation consiste en une montée en température, sous vide primaire pendant une heure puis sous vide secondaire ; le traitement est poursuivi jusqu'à ce qu'une pression résiduelle de 2.10^{-5} Torr soit atteinte.

Cette étape est suivie par une sulfuration sous flux (mélange H_2S/H_2 10%). La sulfuration comprend une montée en température en 75 minutes environ de RT à 350°C puis un palier à 350°C. Ensuite le catalyseur est évacué pendant 30 minutes jusqu'à RT et jusqu'à atteindre une pression résiduelle de l'ordre de 5.10^{-6} torr, de manière à désorber l'H_2S adsorbé sur les lacunes de soufre.

La température de la pastille est ensuite abaissée jusqu'à 100K environ (température de la mesure). Ce traitement, qui est décrit de manière plus détaillé dans la figure II.6, est le traitement usuel utilisé au LCS pour les études FTIR.

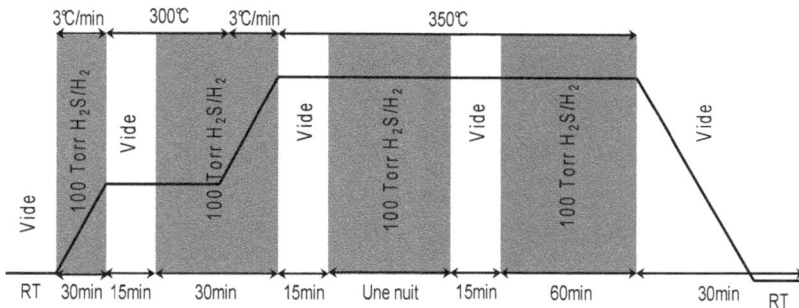

Figure II.6: Schéma représentant les conditions de sulfurations des échantillons.

II. Techniques de caractérisation

II.1. Diffraction des Rayons-X: la Diffraction des Rayons X sur poudres (DRX) a été effectuée, à l'aide d'un diffractomètre Siemens D500, équipé d'une anticathode de cuivre. L'appareillage utilise les radiations $K\alpha$ du cuivre (longueur d'onde moyenne = 1,54Å) et une tension d'accélération de 30kV. Un monochromateur arrière en graphite permet d'éliminer la fluorescence. L'intensité du rayonnement diffracté est mesurée par un compteur à scintillation (le cristal détecteur est un iodure de sodium dopé par du thalium).

Le pas choisi est de 0,02° en 2θ avec un temps d'accumulation de 1s pour la plupart des diffractogrammes et de 10s pour une amélioration du rapport signal/bruit.

II.2. RMN solide: les spectres RMN de ^{29}Si et de ^{27}Al ont été obtenus sur un spectromètre Bruker model AVANCE 400 avec une fréquence de 79.4 MHz (^{29}Si) ou de 104.2 MHz (^{27}Al). Pour la RMN du ^{29}Si RMN, les échantillons ont été placés dans un rotor avec un diamètre de 7 mm, avec une largeur d'impulsion de 2 μs ($\pi/2$), un temps de relaxation entre impulsions de 20 ou 60 s selon l'échantillon, et d'une vitesse de rotation du rotor de 4 KHz. Pour la RMN ^{27}Al, un rotor de 4 mm a été utilisé, avec une largeur d'impulsion de 0,5 μs ($\pi/6$), un temps de relaxation entre impulsions de 0,2 s, et une vitesse de rotation du rotor de 10 KHz.

II.3. Analyse de surface et de porosité: les isothermes d'adsorption et de désorption d'azote à 77 K ont été obtenues en utilisant l'analyseur Micromeritics ASAP 2010M. L'échantillon a été préalablement dégazé à 150°C sous une pression résiduelle de 3 μm de Hg durant une nuit. La surface spécifique a été déterminée en utilisant le calcul BET et a été décomposé en contributions microporeuse (S_{micro}), mésoporeuse ($S_{méso}$) et externe (S_{ext}) à partir du modèle t-plot.

II.4. Mesures thermogravimétriques: les analyses thermiques (ATG et ATD) ont été effectuées sous air en utilisant l'analyseur Seiko SSC 5200H. Les échantillons sont placés dans des creusets en platine et chauffés jusqu'à 1000°C avec une vitesse de montée en température de 10°C/min. La référence est constituée d'un creuset en platine vide.

II.5. Microscopie électronique en transmission, analyse EDX: les clichés de microscopie électronique en transmission sont pris sur un microscope JEOL 100 CXII UHR (Service de Microscopie Electronique de l'Université Paris VI). La microscopie électronique à transmission a été utilisée pour caractériser les supports et les catalyseurs sulfurés. Pour ces derniers les conditions de sulfuration sont celles du test du thiophène (vide infra).

L'échantillon est broyé puis dispersé aux ultrasons dans l'éthanol. Une goutte de cette dispersion est ensuite déposée sur une grille conductrice en cuivre recouverte d'une membrane de carbone et on laisse s'évaporer l'éthanol avant introduction dans la chambre du microscope.

II.6. Analyses élémentaires: toutes les analyses chimiques reportées dans ce travail ont été effectuées par le Service Central d'Analyse du CNRS à Vernaison.

II.7. Spectroscopie FTIR et adsorption des molécules sondes: Pour les expériences réalisées au LRS, les spectres IR ont été enregistrés sur un spectromètre Bruker VECTOR 22 à transformée de Fourier dont la résolution est fixée à 4 cm^{-1} et équipé d'un détecteur DTGS. Les échantillons ont été dispersés préalablement dans du KBr anhydre puis pastillés sous une pression de 10 tonnes.cm^{-2}.

Pour les expériences d'adsorption du CO, nous avons employé une cellule spéciale qui peut être refroidie à la température de l'azote liquide. Les pastilles ont été traités préalablement sous vide (10^{-3} torr) pour 2 h à 573 K. L'adsorption a été effectuée à une température proche de celle de l'azote liquide (77 K), en ajoutant dans la cellule de petits volumes de CO. Le dernier spectre est enregistré pour une pression de 2,5 torr de CO à l'équilibre.

II.8. Craquage du cumène: La réaction du craquage du cumène est mise en œuvre en phase gazeuse à la pression atmosphérique. Elle a été utilisée pour caractériser l'acidité de Brønsted des supports délaminés. Le cumène produit, en présence de sites acides de Brønsted, du benzène et du propène, selon le schéma réactionnel suivant (figure II.7). Dans les conditions de test (T = 300°C) on n'observe pas la formation d'α-méthylstyrène sur les sites acides de Lewis.

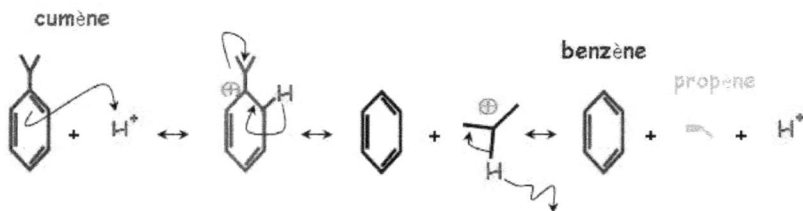

Figure II.7: *Principe et mécanisme de la réaction de craquage du cumène. Conditions d'analyses (Prétraitement : 500°C, 2h / N_2 (50 mL.min^{-1}), $T_{réaction}$: 300°C).*

Le schéma du dispositif expérimental est donné dans la figure II.8. La réaction est réalisée dans un réacteur en pyrex muni d'un fritté. Les flux

70

entrants traversent l'épaisseur de l'échantillon avant de ressortir par l'autre extrémité du réacteur en forme de U.

La masse de l'échantillon introduite dans le réacteur est de 50 mg. Les échantillons sont activés à 500°C pendant 2 heures sous flux de diazote avec un débit de 50 ml.min^{-1}. La réaction est réalisée en flux continu sous pression atmosphérique à 300°C, afin de se trouver dans des gammes de conversion faible et d'exclure d'éventuelles limitations diffusionnelles. Le débit total du flux est maintenu à 50 ml.min^{-1} au moyen d'un débitmètre massique. La pression partielle du cumène est contrôlée par la température du saturateur que traverse le flux d'azote. La température du saturateur est maintenue à 14°C, ce qui fixe la pression de réactif à 233 Pa (soit 0,2% de cumène dans le diazote). Pendant la réaction, des prélèvements de gaz de sortie sont réalisés toutes les 20 minutes et analysés sur un détecteur (FID) équipé d'une colonne chromatographique de type chromosorb (contenant 5% de disodécylphtalate et de 5% de bentaone 34) en acier inox de 3 m de long et 3 mm de diamètre, balayée par le gaz vecteur d'azote. La détection se fait par ionisation de flamme. Les résultats sont exprimés en terme de conversion totale de cumène. La quantité de cumène est mesurée par l'aire d'intégration du pic correspondant.

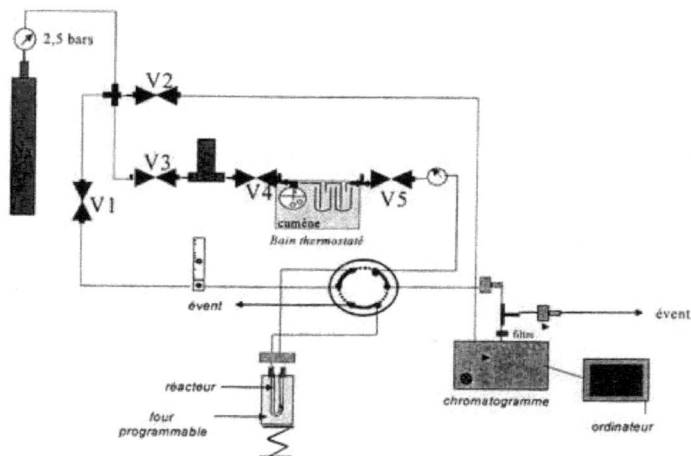

Figure II.8: *Schéma du montage relatif au test de craquage du cumène.*

Préalablement aux mesures de craquage du cumène, les échantillons ont
été traités avec une solution de NH_4Cl (29% massique) afin d'éliminer
toute trace d'ions Na^+ par échange cationique avec NH_4^+.

II.9. Test de thiophène: Afin de comparer l'activité des catalyseurs
dans une réaction d'hydrodésulfuration (HDS), ces derniers ont été testés
en HDS du thiophène à pression atmosphérique et à 350°C. Le mécanisme
d'hydrodésulfuration du thiophène est schématisé sur la figure II.9.

Environ 100 mg de catalyseur, sous forme oxyde, de granulométrie
0,2 - 0,5 mm, sont placés dans le réacteur. La masse de catalyseur Mo est
choisie de manière à obtenir une faible conversion, inférieure à 5%). Un
débit de 30 mL.min^{-1} H_2S/H_2 (1/9), est introduit sur le catalyseur à
température ambiante. La température est portée à 350°C avec une montée
de 3°C.min^{-1}.

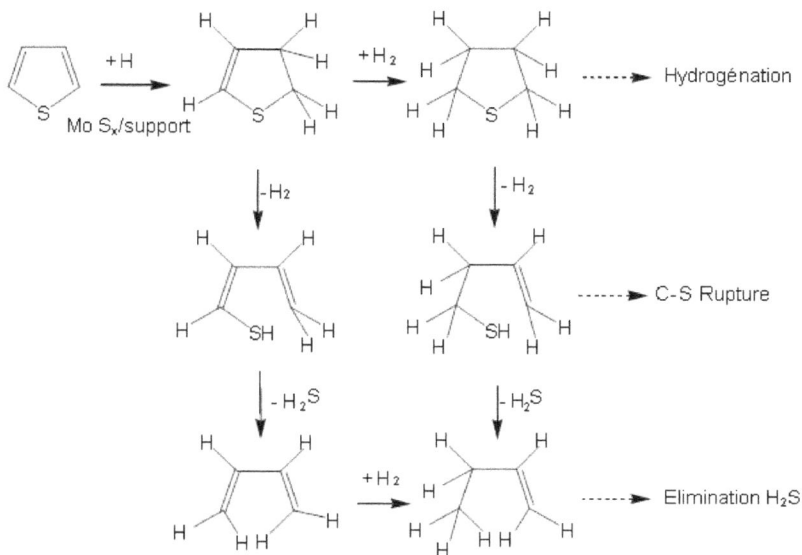

Figure II.9: *Mécanisme réactionnel pour le test thiophène.*

Le catalyseur est maintenu sous flux d'H_2S/H_2 à 350°C pendant 2 h. Le catalyseur est ensuite isolé pendant 30 minutes environ, le temps d'ajuster le mélange réactionnel thiophène/ H_2S/H_2 (figure II.10). L'alimentation en thiophène est assurée par un saturateur maintenu à la température de 18°C.

L'activité des catalyseurs pour la réaction du thiophène à pression atmosphérique sera exprimée par la vitesse de disparition du thiophène.

Un flux d'hydrogène traverse alors le saturateur et se charge de thiophène. Il s'établit alors un équilibre liquide-vapeur, qui permet l'obtention d'une pression partielle de thiophène. Un flux d'H_2S est mélangé au flux H_2-thiophène pour atteindre tous les catalyseurs 2% d'H_2S

jouté. Le débit total est alors d'environ 90 ml.min^{-1}. Les pressions partielles sont de 8,0 kPa en thiophène, de 91,2 kPa en dihydrogène et 2,1 kPa en H$_2$S. Dès stabilisation des pressions partielles, le mélange est envoyé sur le catalyseur. La réaction de thiophène est réalisée à 350°C.

Les produits de réaction sont séparés et identifiés à l'aide d'un appareil de chromatographie (3900 Varian) équipé d'une colonne capillaire CPSIL-5CB d'une longueur de 50 mètres et d'un détecteur à ionisation de flamme.

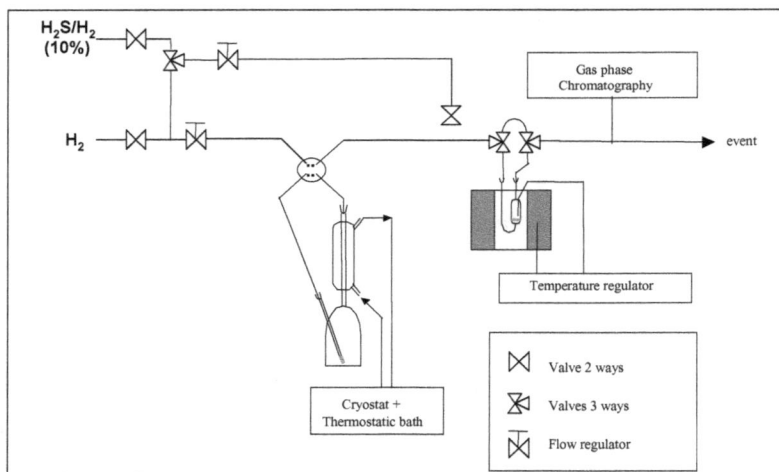

Figure II.10: *Représentation schématique du montage de thiophène.*

Références

Braun S., Appel L.G., Camorim V.L., Schmal M., *J. Phy. Chem. B*, **2000**, 104, 6584.

Corma A., V. Fornés, J.M. Guil, S. Pergher, Th.L.M. Maesen, J.G. Buglass, *Microporous and Mesoporous Materials*, **2000**, 38, 301.

Corma A., Diaz U., Domine M. E., and Fornés V., J. *Am. Chem. Soc.*, **2000**, 122, 2804.

Gunther S., Gregoratti L., Kiskinova M., Taglauer E., Grotz P., Schubert U.A. et H.

Knozinger, J. Chem. Phys., **2000**, 112, 5440.

Jeong S.-Y., Such J.-K., Jin H., Lee J.-M., and Kwon O.-Y., *Journal of Colloid and Interface Science*, **1996**, 180, 269.

Kosuge k. and Atsumu T., *Langmuir*, **1996**, 12, 1124.

Kikuta K., Ohta K. and Takagi K., *Chem. Mater.*, **2002**, 14, 3123.

Knoezinger H., *J. Chem.Phys.*, **2000**, 112, 5440.

Mestl G., Herzog B., Schloegl R. et Knoezinger H., *Lagmuir*, **1995**, 11, 3027.

Mestl G., Verbruggen N.F.D., Lange F.C., Tesche B. et Knoezinger H., *Lagmuir*, **1996**, 12, 1817.

Wang Z. and Pinnavaia T.-J., *Chem. Mater.*, **1998**, 10, 1820.

Chapitre III

"Délamination de la Na-magadiite et la Na-kényaite"

I. Introduction

Parmi les nouvelles voies de synthèse des matériaux siliciques mésoporeux, l'une des plus récentes consiste en la délamination de précurseurs bidimensionnels apparaissant de façon transitoire dans la synthèse de certaines structures zéolithiques. C'est à cette catégorie qu'appartiennent les structures ITQ-2 et ITQ-6 développées par Corma et *al.* (Corma et *al.* 2000, et 2001). La procédure de synthèse implique l'arrêt "avant terme" de la synthèse zéolithique traditionnelle, i) l'échange des cations de template par des ions de surfactant $C_{16}TMA^+$, ii) la séparation sous l'effet des ultrasons de feuillets d'aluminosilicates lamellaires (délamination) et iii) finalement l'élimination par calcination des ions $C_{16}TMA^+$. La préparation de ces matériaux est souvent délicate puisqu'elle exige de maîtriser deux étapes de synthèse, *i)* la préparation de la zéolithe précurseur (qui est une phase zéolithiques lamellaire, ex. MCM-22(P) ou PRE-FER pour la préparation de ITQ-2 et ITQ-6 respectivement) et aussi *ii)* l'étape de gonflement et de délamination. Dans ce travail, nous avons remplacé avec succès la phase lamellaire zéolithique utilisée par l'équipe de Corma par des phyllosilicates lamellaires existent à l'état naturel de type magadiite ($Na_2Si_{14}O_{29}.nH_2O$) et kényaite ($Na_2Si_{22}O_{45}.nH_2O$) (Eugster 1967), lesquelles sont facilement synthétisées sous leur forme sodique ou bien sous forme aluminosilicique par substitution d'aluminium (Schwieger et *al.* 1995) (Pal-Borbely et *al.* 1995). Dans le présent chapitre, nous montrons que des matériaux intéressants à haute surface spécifique peuvent être obtenus par l'application d'une procédure de délamination, adaptée de celle développée par l'équipe de Corma, à des silicates lamellaires de type magadiite et kényaite.

Pour déterminer si l'échange ionique, la délamination et l'insertion d'aluminium dans les feuillets de la magadiite et de la kényaite ont provoqué des changements structuraux, des caractérisations par DRX, RMN ^{29}Si, RMN ^{27}Al et en IR ont été effectuées pour tous les échantillons au cours de différentes étapes de la synthèse.

Nous montrerons qu'après délamination les phyllosilicates lamellaires peuvent, tout comme les ITQ-2, ITQ-6 et ITQ-18, être modélisés comme des empilements en château de cartes de feuillets aluminosilicatés plus ou moins rigides. Nous montrerons également que la structure locale des feuillets est préservée, au moins en partie, à l'état final et que la procédure de délamination résulte en l'obtention de matériaux mésoporeux, à haute surface spécifique (400-600 m^2.g^{-1}).

II. Caractérisation par analyses thermogravimétriques

II.1. Na-magadiite

Les courbes TG et DTA de la Na-magadiite sont données à la figure III.1. La courbe de TG montre deux pertes de poids de 14% et de 2%, respectivement. La perte principale, qui se produit avant 200°C, et qui correspond, sur la courbe DTA, à trois crêtes endothermiques à 70, 109 et 157°C, est attribuée aux réactions de déshydratation. Des études semblables ont été rapportées dans la littérature (Lagaly et Klaus, 1975 ; Sassi et *al.*, 2005), qui suggèrent deux étapes de déshydratation, c.-à-d. deux types de molécules d'eau d'hydratation dans la Na-magadiite. La deuxième perte de poids observée au-dessus de 220°C est attribuée aux réactions de déshydroxylation (condensation des groupements silanols).

Le pourcentage de Na$^+$ déterminé par analyse chimique et les pertes de masse observées lors de l'analyse thermique de la Na-Magadiite permettent de calculer la composition chimique de ce matériau. En effet nous pouvons déduire des données thermogravimétriques:

- la quantité d'eau présente entre les feuillets: 14% soit 0,78 moles par 100 g.
- la quantité de silanols: si l'on attribue la perte de masse au delà de 450°C à la condensation de deux silanols pour former un pont siloxane et une molécule d'eau, une molécule d'eau libérée correspond à deux groupements silanols ; donc une perte de masse de 2%, correspond à 0,22 silanols par 100 g

D'autre part, l'analyse élémentaire fournit la quantité de sodium : 4,25 % soit 0,18 moles par 100 g, et la quantité de silice.

On obtient finalement la formule suivante :

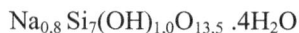

$$Na_{0,8} Si_7(OH)_{1,0}O_{13,5} \cdot 4H_2O$$

Cette formule est cohérente avec celles données dans la littérature (Kosuge et *al.* 1992) (Blaison et *al.* 2002), avec un rapport Si/Na proche de 7. Le rapport $Q^3/Q^4 = 0,34$ que l'on en tire est également cohérent avec le rapport Q^3/Q^4 déterminé à partir du spectre RMN du ^{29}Si (Q^3/Q^4=0,3, vide infra).

Cette formule chimique confirme que la structure de la magadiite contient deux types de cations potentiellement échangeables dans l'espace interfoliaire: des ions sodium et des protons. Ces derniers étant combinés aux feuillets pour former des groupes silanols. Ils seraient présents en quantité à peu près équivalente aux ions sodium (rappelons qu'un rapport Si-O$^-$, Na$^+$/Si-OH de 2/3 avait été déterminé par Rojo et *al.* (Rojo et *al.* 1988) ; on peut s'attendre toutefois à ce qu'ils soient plus difficiles à échanger.

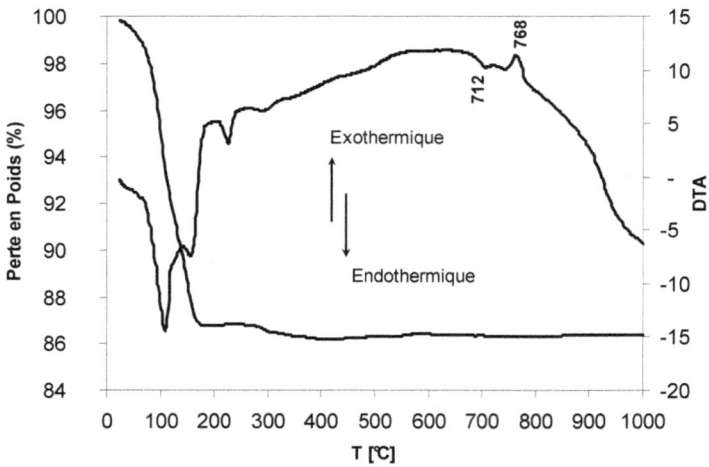

Figure III.1 : *Courbes (TG et ATD) des analyses thermiques de la Na-magadiite de synthèse.*

Au-dessus de 500°C, la courbe de DTA montre un pic exothermique à 768°C, qui correspond sans doute à la formation du quartz. Le pic endothermique très petit observé à 712°C juste avant ce signal exothermique pourrait être attribué à l'amorphisation de la structure de magadiite (Eugster 1967).

II.2. C₁₆TMA-magadiite

L'analyse thermique (DTG-DTA) (figure III.2) effectuée sur l'échantillon de magadiite gonflé 3 fois montre 4 pertes de masses de 94, 240, 260 et 350°C respectivement, qui sont mieux identifiables en DTG. Le premier évènement, endothermique et situé vers 94°C, est caractéristique de la perte d'eau physisorbée. Le second et le troisième pic vers 240 et 260°C sont attribuables à la décomposition non oxydante du $C_{16}TMA^+$ (en effet, ils ne sont accompagnés que d'un effet thermique assez faible). Le mécanisme suivant peut être proposé:

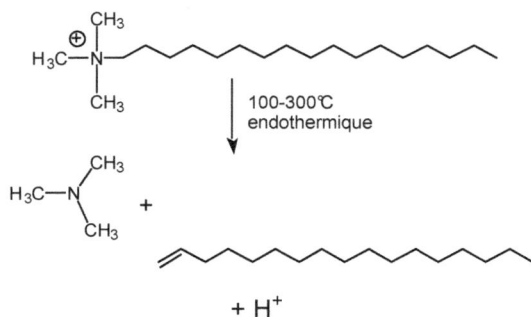

Kleitz et *al.* (2001, 2003) ont observé le même phénomène lors de la dégradation du $C_{16}TMA^+$ d'une MCM-41. Les silanolates, dont la charge était initialement compensée par $C_{16}TMA^+$, se transformeraient alors en silanols par réaction avec les protons. Mais cette décomposition n'est pas complète, et une partie des molécules de surfactant donne des résidus organiques non identifiés qui ne sont éliminés qu'après calcination à plus haute température.

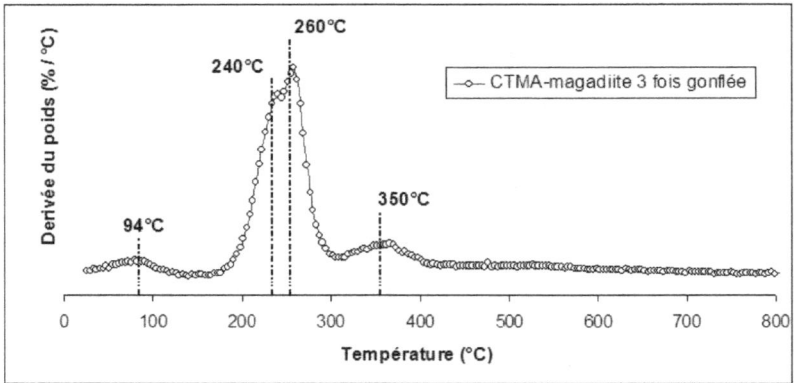

Figure III.2 : *Courbes (DTG) des analyses thermiques de la C₁₆TMA-magadiite gonflée 3 fois.*

Le pic exothermique observé vers 350°C correspondrait alors à la combustion de ces résidus organiques. Même à cette température, la combustion n'est pas complète car il reste des espèces de type coke qui ne peuvent être brûlées qu'au-delà de 600°C (Ryczkowski et *al.* 2005), ce qui pourrait expliquer la perte de masse continue entre 350 et 700°C.

On peut ici également comparer les données de l'analyse thermogravimétrique et celles de l'analyse élémentaire du sodium. L'analyse chimique a mis en évidence la quasi-absence de sodium après échange (%Na=0,03), ce qui indique un taux d'échange très proche de 1 des cations sodium par le C₁₆TMA. Elle ne permet cependant pas de mettre en évidence un échange éventuel des protons par ce même C₁₆TMA. Cette information peut par contre être fournie par l'analyse thermique puisque la perte de masse entre 200 et 450°C lors du traitement thermique de la magadiite gonflée peut être associée à la décomposition du C₁₆TMA. Le rapport C₁₆TMA/Si calculé à partir de l'analyse thermique est voisin de 0,14, ce qui indique clairement que seuls les cations sodium sont échangés.

III. Caractérisation des supports par diffraction Rayon-X (DRX)

Les figures III.3 et III.4 illustrent l'évolution des diffractogrammes-X de la magadiite et de la kényaite suite aux différentes étapes de traitements. L'évolution de la distance basale (d_{001}) est donnée dans le tableau III.1.

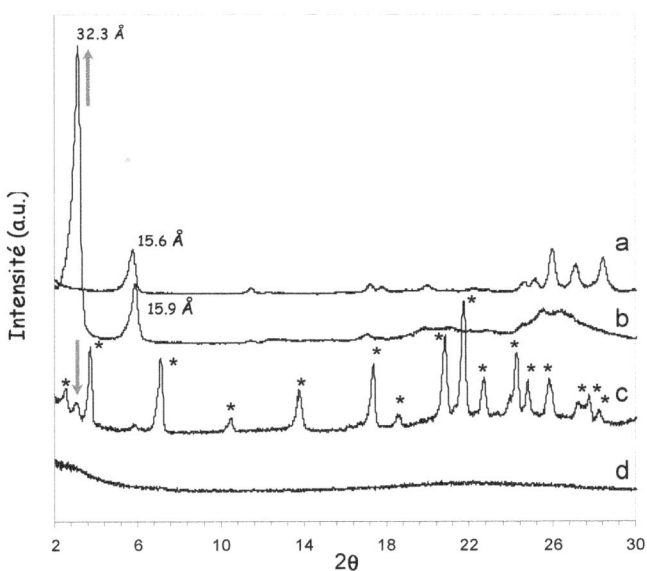

Figure III.3: *diffractrogrammes-X .sur poudres de : a) Na-magadiite de synthèse ; b) magadiite gonflée; c) magadiite délaminée lyophilisée ; (*) C_{16}TMABr. d) magadiite délaminée lyophilisée calcinée à 700°C.*

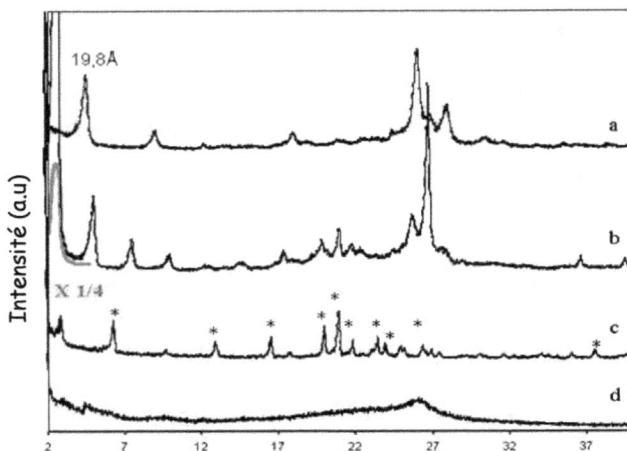

Figure III.4: *diffractrogrammes-X : a) Na-kényaite de synthèse ; b) kényaite gonflée ; c) kényaite délaminée lyophilisée, (*) $C_{16}TMABr.$; d) kényaite délaminée lyophilisée calcinée à 700°C.*

Echantillon	d_{001} (Å)	$2\theta_{(degré)}$
Na-magadiite	15,6	5,7
C_{16}TMA-Magadiite	32,3	2,8
Magadiite délaminée lyophilisée	fortement réduite	2,8
Magadiite délaminée lyophilisée calcinée	non observée	---
Na-kényaite	19,8	4,5
C_{16}TMA-Kényaite	35,3	2,6
Kényaite délaminée lyophilisée	fortement réduite	2,6
Kényaite délaminée lyophilisée calcinée	non observée	---

Tableau III.1: *Valeurs de la distance basale $d_{(001)}$ des différents échantillons de magadiite et de kényaite données par la diffraction des rayons X.*

Les études de DRX disponibles dans la littérature suggèrent que la magadiite appartient au système cristallin monoclinique (Eugster 1967), alors que la structure de la kényaite est tétragonale (Eugster 1967). Puisque les groupes d'espace de ces silicates doivent avoir un centre de symétrie (Huang et *al.* 1999), le groupe d'espace possible pour la magadiite se limite à la classe 2/m (C_{2h}) du système monoclinique tandis que la symétrie de l'unité cellulaire de la kényaite est soit 4/m (C_{4h}) soit 4/m (D_{4h}) du système tétragonal. Le diffractogramme de poudre de nos Na-magadiites (resp. Na-kényaites) siliciques se caractérise par un pic intense à 15,6 Å (resp. 19,8 Å), par rapport à 15,6 Å (20 Å) rapportés dans la littérature pour la d_{001} (Eypert-Blaison et *al.* 2002) (Fletcher et *al.* 1987) (Kosuge et *al.* 1992). Le diffractogramme présente aussi beaucoup d'autres pics qui correspondent aux d_{hkl} avec h et/ou k $\neq$ 0.

Après avoir gonflé le matériau de départ avec le bromure d'Hexadécyltriméthylammonium C_{16}TMABr, la d_{001} monte jusqu'à 32,2Å, indiquant l'intercalation de C_{16}TMA^{+} dans l'espace interfoliaire des couches silicates. Pour comparaison, une valeur d_{001} de 30,0 Å a été rapportée par Lagaly et *al.* pour la C_{16}TMA-magadiite (U. Brenn et al. 1999), une valeur de 31,9 Å par Patarin et col. (M. Sassi et *al.* 2005), et une valeur de 31,2Å par Kooli et *al.* (2006). Comme il a déjà été remarqué par Sassi et *al.*, cette valeur est plus petite que celle qu'on prévoirait pour la C_{16}TMA-magadiite (Lagaly et *al.* 1973) si les chaînes alkyles étaient disposées perpendiculairement aux feuillets. En effet, en tenant compte de la longueur de la molécule de C_{16}TMA (23,7Å, Oberhagemann et *al.* 1995) et de l'épaisseur du feuillet magadiite (11,2Å, Brindley et *al.* 1969), la valeur d_{001} devrait alors être proche de 35Å.

Il est donc possible que les chaînes de C_{16}TMA soient inclinées par rapport à la normale aux plans basaux: plus précisément, le calcul effectué par Sassi et *al.* montre qu'une distance basale de 30 Å correspondrait à un angle de 52,5° degrés environ entre les chaînes alkyles et le plan des couches silicates, et une distance de 32 Å à un angle de 66,5°. Ces valeurs ne sont données qu'à titre indicatif puisque des modèles différents, avec recouvrement partiel des chaînes de surfactant par exemple, sont aussi possibles. La figure III.5 représente schématiquement le modèle le plus probable d'intercalat C_{16}TMA/magadiite.

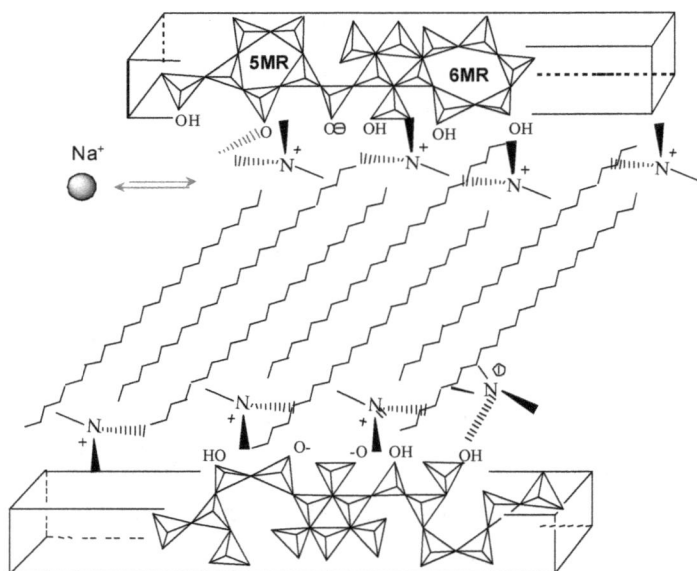

Figure III.5: *Représentation schématique de l'arrangement le plus probable du surfactant ($C_{16}TMA^+$) entre les feuillets d'une magadiite ou d'une kényaite gonflée.*

Le pic observé à 15,9 Å pourrait être dû à une quantité résiduelle de matériau non-intercalé d_{001}=15,6 Å, mais il est plus probablement dû au deuxième ordre (d_{002}) de la réflexion principale de la forme intercalée (attendu à 32,2/2=16,1 Å). La plupart des autres pics ont subi une coalescence en larges bandes, un phénomène réminiscent des formes turbostratiques observées pour beaucoup de minerais d'argile (on observe des que hkl avec des valeurs h, k communes et l variable et $\neq$0 conduisant à des larges bandes "hk" (Brindley et *al.* 1969). Le processus du gonflement est répété à trois reprises pour s'assurer que tout le sodium de structure a été échangé. L'effet du gonflement multiple sur les propriétés texturale et structurale de la magadiite délaminée est détaillé dans le chapitre V.

Lorsque le matériau est délaminé et lyophilisé, la d_{001} est fortement réduite en intensité (voir figure III.3 et III.4) témoignant de la perte de cohérence entre les feuillets de phyllosilicates.

Enfin, après l'élimination des molécules organiques par calcination, le matériau résultant ne présente aucun pic de structure, et en particulier le pic d_{001} indicatif de l'empilement des couches silicates est perdu.

Cependant le caractère amorphe des matériaux obtenus après traitement aux ultrasons, lyophilisation et calcination ne constitue pas en soi une preuve du succès de la délamination. Il pourrait également par exemple traduire une amorphisation complète par dissolution des feuillets suivie d'une reprécipitation. Il importe donc de caractériser ces matériaux par d'autres techniques: d'une part par des mesures de surface spécifiques pour vérifier si ce traitement a conduit à une augmentation de la surface spécifique, et d'autre part par des techniques sensibles à l'environnement local des atomes de silicium telles que la RMN et la spectroscopie FTIR pour vérifier si la structure locale des feuillets est préservée.

IV. Caractérisation par physisorption d'azote

La figure III.6 montre les isothermes d'adsorption et de désorption de l'azote à 77 K pour la Na-magadiite et la Na-kényaite ainsi que pour leurs formes délaminées-calcinées. Les paramètres déduits des traitements BET et t-plot sont reportés dans le tableau III.2. Les isothermes d'adsorption et de désorption de la Na-magadiite et de la Na-kényaite présentent une forme similaire caractéristique de produits non poreux.

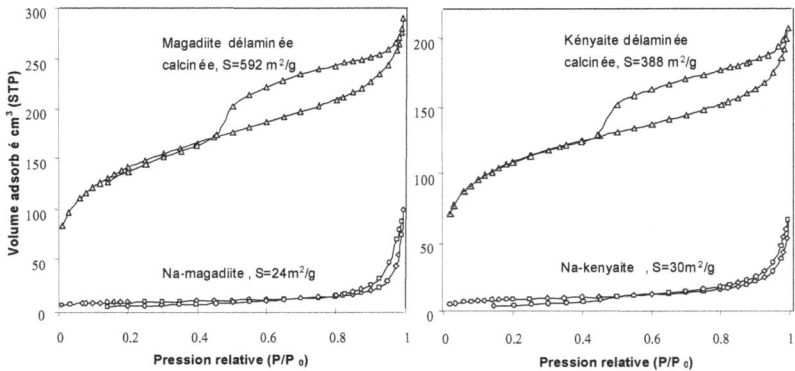

Figure III.6: *Isothermes d'adsorption et de désorption d'azote à 77K pour la Na-magadiite et la Na-kényaite avant et après délamination.*

Les matériaux obtenus après délamination-calcination présentent des isothermes très différentes de la magadiite et de la kenyaite de départ et qui sont caractéristiques de matériaux mésoporeux avec une distribution large de taille de pores. Le tableau III.2 récapitule les principaux résultats des analyses d'isothermes d'adsorption et de désorption d'azote. Le produit de départ (magadiite ou kényaite) montre une surface spécifique faible, exclusivement externe (24 et 30 $m^2.g^{-1}$ pour respectivement la magadiite et la kenyaite) comparable à celle d'une argile de type smectite. Après délamination et calcination, les augmentations de surface sont supérieures à un ordre de grandeur : 592 m^2/g pour la magadiite délaminée et 388 m^2/g pour la kényaite délaminée. Une certaine mésoporosité est développée dans les matériaux délaminées. Le calcul t-plot a été utilisé pour évaluer les contributions de la microporosité, de la mésoporosité et de la surface externe à la surface totale (61+273+258 = 592 m^2.g^{-1}). Les informations fournies par le modèle t-plot sont cependant à prendre avec précaution puisque ce modèle n'est applicable que lorsque l'on peut avec certitude définir des zones de l'isotherme d'adsorption exemptes de condensation capillaire, ce qui n'est pas certain ici. Dans le cas d'une délamination idéale toute la surface développée devrait être externe. L'apparition de porosité peut cependant se justifier soit par le collage désordonné des feuillets délaminés entre eux, soit par le repliement de ces feuillets relativement souples. Notons cependant que la nature de cette porosité (microporosité, mésoporosité, macroporosité-surface externe) varie beaucoup d'un échantillon à l'autre (voir annexe).

Echantillon	S_{BET} (m^2/g)	V_{Poreux} total (cm^3/g)	$V_{Mésoporeux}$ (cm^3/g)	$V_{Microporeux}$ (cm^3/g)	S_{ext}/ $S_{méso}$/ S_{micro} (m^2/g)
Na-magadiite	24	3.10^{-3}	0	3.10^{-4}	23/1/0
Magadiite délaminée	592	0,25	0,23	2.10^{-3}	258/273/61
Na-kényaite	30	3.10^{-3}	0	3.10^{-4}	17/3/0
Kényaite délaminée	388	0,17	0,15	0,02	120/164/102

Tableau III.2: *Paramètres texturaux déduit par traitement BET et t-plot sur l'isotherme d'adsorption.*

Il est possible d'évaluer la surface maximale que peut développer un silicate lamellaire après délamination à partir de l'épaisseur du feuillet et de sa densité. Comme les structures de la magadiite et de la kenyaite ne sont pas connues, nous n'avons pas accès directement à l'épaisseur du feuillet. Elle peut cependant être évaluée à partir d'une donnée expérimentale : la distance interréticulaire d, en faisant l'hypothèse que l'espace entre les feuillets est comparable à celui de phyllosilicates de sodium de structure connue, tels que la makatite (3,3Å), la silinaite ($\approx$3 Å) ou l'octosilicate ($\approx$4Å). En supposant une valeur de l'espace interfeuillets de 3,3 Å, l'épaisseur du feuillet de magadiite serait égale à e = 15,6-3,3 = 12,3 Å.

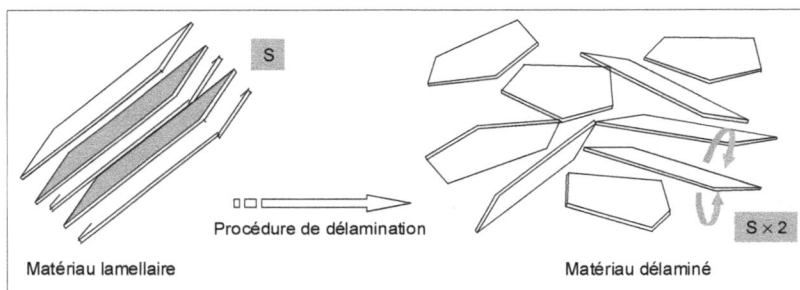

Figure III.7: *schéma représentatif illustrant le calcul théorique de la surface maximale du support après délamination.*

Le calcul de la surface maximale développée par délamination nécessite également de connaître la densité des feuillets de silice, que nous supposerons égale à celle d'une silice amorphe (ρ = 2,25).

Si on néglige la surface développée par les bords des feuillets (feuillets infiniment larges), (figure III.7)

$S_{max}(m^2.g^{-1}) = 2/(e*\rho)$

S_{max}(magadiite) $\approx$720 m^2.g^{-1}

S_{max}(Kenyaite) $\approx$540 m^2.g^{-1}

Les surfaces observées expérimentalement sont proches des surfaces maximales théoriques que peuvent développer les deux matériaux de départ, ce qui est une bonne indication du succès de la délamination. Elles restent cependant inférieures ce qui peut signifier que certains feuillets sont restés collés entre eux. On peut ainsi calculer un pourcentage de délamination (S_{exp}/S_{max}*100) d'environ 80% pour la magadiiite et d'environ 70% pour la kenyaite. Par ailleurs le développement d'une mésoporosité importante indique soit la formation d'une structure « en château de cartes » (figure III.8) par collage désordonné des feuillets, soit la formation de porosité par repliement/enroulement de ces feuillets sur eux mêmes.

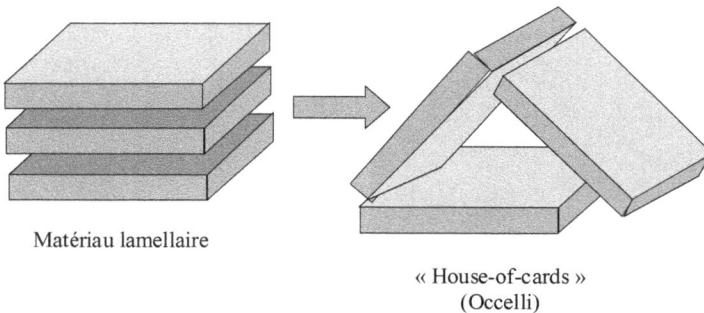

Matériau lamellaire

« House-of-cards »
(Occelli)

Figure III.8: *Shéma représentatif d'une structure en château de cartes, (Occelli et al. 1984).*

V. Caractérisation par microscopie électronique

La microscopie électronique, qui offre une image directe du matériau, peut apporter des informations utiles quant à l'état des feuillets après délamination.

La Na-magadiite apparaît sous forme des particules rectangulaires bien définies (figure III.9) avec des tailles d'arête comprises entre 1 et 3μm. Ces rectangles correspondent à des empilements de feuillets vus du dessus.

Figure III.9: *Micrographes TEM de la magadiite et sa forme délaminée (en haut) et MEB de la magadiite et la kényaite délaminés calcinées (en bas).*

Après délamination et calcination, on observe encore des morphologies rectangulaires mais les extrémités en sont abîmées (figure

III.9) et on peut également distinguer des feuillets qui prennent la forme de feuilles froissées ou enroulées (figure III.10).

Il est particulièrement intéressant de noter que l'aspect de la magadiite délaminée est très différent de celui d'une silice amorphe. La microscopie électronique à balayage a également confirmé la morphologie chiffonnée des feuillets (figure III.9).

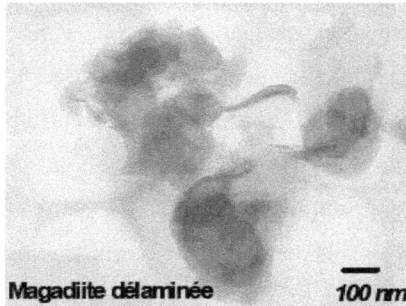

Figure III.10: *Micrographes TEM de la magadiite délaminée calcinée mettent en évidence l'enroulement de certains feuillets après calcination.*

VI. Caractérisation des supports par RMN du ^{29}Si

Les valeurs de déplacement chimique en RMN du ^{29}Si des différentes formes de silicates préparés sont présentées dans le tableau III.3. Les spectres montrent que les atomes de silicium de la Na-magadiite et la Na-kényaite présentent deux types d'environnement (figure III.11 et III.12). On observe des atomes de silicium dans un environnement Q^3 ((SiO)$_3$Si-OH ou (SiO)$_3$Si-O$^-$ à d= -99 ppm) et dans un environnement Q^4 ((SiO)$_4$Si entre -107 et -119 ppm). Parmi ces derniers, on distingue, sur le spectre de la magadiite, trois pics bien résolus qui sont un indice de la cristallinité élevée du matériau. Les proportions relatives des pics du spectre RMN de la magadiite -99 (Q^3)/ -109 (Q^4)/-111(Q^4)/ -113(Q^4) sont en accord avec les résultats de la littérature (Eypert-Blaison et *al.* 2002) (Garcès et *al.* 1988) (Fyfe et *al.* 2001) (Sassi et *al.* 2005). Il faut noter ici qu'une condition pour que la RMN du ^{29}Si soit quantitative est que le temps de répétition (temps entre deux acquisitions) soit supérieur à 5 T_1 (T_1 étant le temps de relaxation spin-réseau). Le temps de répétition utilisé pour l'étude des phyllosilicates est de 20 s, ce qui est court par rapport aux T_1 de certains silicates. Cependant nous avons vérifié qu'une valeur du temps de répétition plus longue (60s) ne changeait pas les intensités relatives des différents pics. La présence d'un seul type d'environnement Q^3 peut paraître surprenante compte tenu de la présence, d'après la composition chimique, de silanols et de Si-ONa. Cependant l'existence d'un réseau de liaisons H permet de répartir la charge entre tous ces groupements qui sont donc équivalents (Almond et *al.* 1994).

Le spectre RMN ^{29}Si de la kenyaite est encore plus complexe puisque pour ce phyllosilicate il y a, dans la zone des Q^4 quatre pics différents. Les intensités relatives de ces pics conduit à un rapport Q^3/Q^4=0,25 en accord avec les résultats de la bibliographie (Schwieger et *al.* 1985). Le rapport Q^3/Q^4 plus faible de la kényaite par rapport à la magadiite traduit le fait que les feuillets de kenyaite sont plus épais.

	Déplacement chimique (ppm)			Rapport Q^3/Q^4
Echantillon	Q^2	Q^3	Q^4	
Magadiite de synthèse		-99,2	-109,3	0,3[*]
	---		-111,0	0,3[**]
			-113,5	
Magadiite gonflée		-100,6	-110,7	0,3[*]
			-111,9	0,3[**]
			-112,9	
Magadiite délaminée lyophilisée	- 92	-101,2	-110,0	0,3[*]
			-112,0	0,3[**]
			-114,7	
Magadiite délaminée et calcinée à 550°C	---	-100,5	-109,1	0,4[*]
			-112,7	---
Magadiite calcinée à 250°C	---	-98,6	-110,5	0,4[*]
			-114,2	---
Na-Kényaite	---	-99,3	-108,2	0,2[*]
			-110,9	0,25[**]
			-113,1	
			-118,2	
Kényaite délaminée calcinée à 550°C	---	-99,12	-108,3	0,3[*]
			-112,2	---

Tableau III.3: *Déplacements chimiques (RMN ^{29}Si) des pics des spectres RMN de la magadiite et la kényaite aux différentes étapes de la procédure de délamination. Les rapports Q^3/Q^4 sont calculés à partir de la*

déconvolution des spectres RMN ^{29}Si. (∗) Nos résultats expérimentaux, (∗∗)
d'après Schwieger et al. (1985).

Après l'échange ionique des cations Na$^+$ par des cations C$_{16}$TMA$^+$, le spectre est globalement préservé. Les pics sont cependant légèrement déplacés et élargis par rapport au spectre initial. On observe également une diminution du rapport signal sur bruit en comparaison avec la Na-magadiite, ce qui traduit simplement que la quantité d'atomes de silicium présents dans le rotor a diminué du fait de la présence d'une quantité importante de groupements organiques C$_{16}$TMA$^+$.

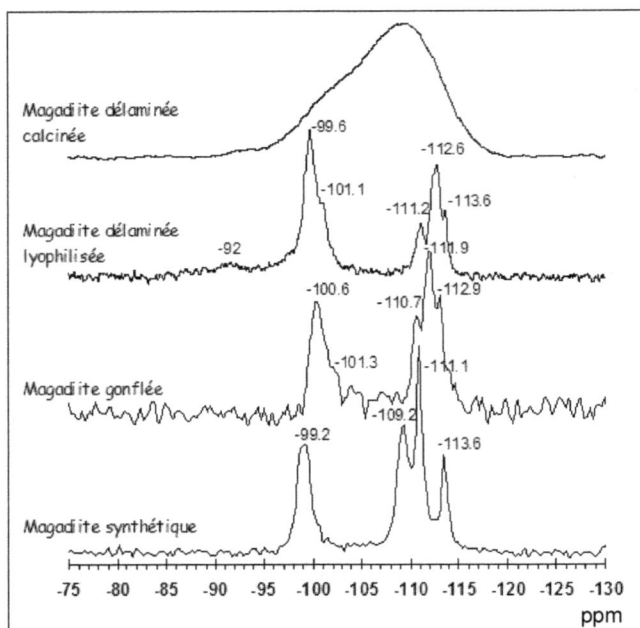

Figure III.11: *Spectres RMN de ^{29}Si des différentes formes de magadiite préparées, temps de contact 20s, fréquence de rotation du spin 4KHz.*

Le déplacement des pics par rapport à la Na-magadiite peut avoir pour origine des modifications dans l'environnement du silicium lors de l'échange des Na^+ par des $C_{16}TMA^+$ et/ou une variation des angles (Si-O-Si). Un déplacement similaire a été aussi observé par Eypert et *al.* (Eypert et *al.* 2002) lors d'un échange Na^+ par H^+ sur la magadiite.

Après sonication et lyophilisation le spectre est également globalement préservé. On observe cependant un dédoublement du signal dans la zone des Q^3 ainsi qu'un signal faible dans la zone des Q^2 (δ = -92 ppm). Ces deux modifications pourraient traduire une altération légère de la structure des feuillets, avec excision de certains tétraèdres, lors de l'étape de délamination. La délamination est en effet effectuée à un pH relativement élevé (présence de TPAOH) et le traitement aux ultrasons lui-même pourrait favoriser la rupture des feuillets (voir figure III.13). Il est également possible que la présence de deux types de déplacement chimique pour les Q^3 à cette étape traduise la disparition du réseau de liaison H présent dans la magadiite de départ et responsable d'après Almond et *al.* (Almond et *al.* 1994) de l'équivalence entre les Q^3 de la magadiite. L'existence de deux types de silicium Q^3 dans la magadiite, ayant tout deux le même déplacement chimique, a également été proposée par Gardiennet et *al.* (Gardiennet et *al.* 2002, 2005), à partir d'une étude de la dynamique de Cross-Polarisation (CP ^{1}H-^{29}Si). Ces deux types de Q^3, bien qu'ayant le même déplacement chimique dans la magadiite de départ, pourraient avoir des déplacements chimiques différents à cette étape. Le dédoublement du signal des Q^3 devrait avoir lieu dès l'étape de gonflement, mais il est assez difficile d'en juger ici compte tenu du faible rapport signal/bruit de ce spectre.

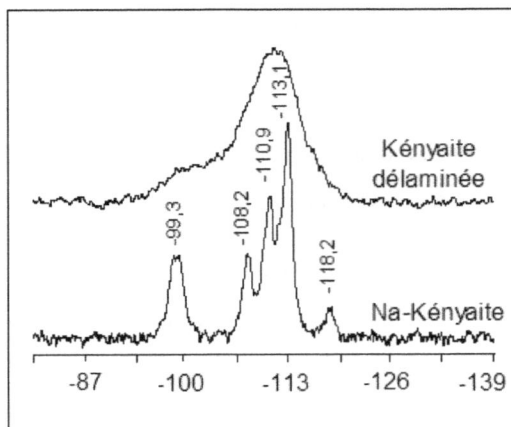

Figure III.12: *Spectres RMN ^{29}Si de la Na-kényaite et la kényaite délaminée calcinée*

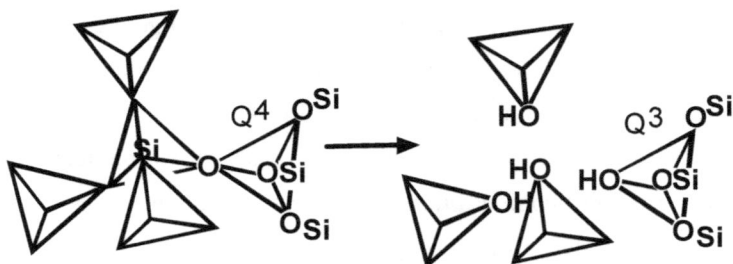

Figure III.13: *Schéma représentatif des types de transformations $Q^4 \rightarrow Q^3$ provoquées par l'effet de l'ultrason. La dissolution du tétraèdre central transforme ses quatre voisins de Q^4 en Q^3.*

Par contre, après l'étape finale de calcination à 700°C, les différents signaux des feuillets de la magadiite (kényaite) ne sont plus individuellement reconnaissables, une raison pour laquelle avons calculés préalablement le rapport Q^3/Q^4 pour la magadiite délaminée-calcinée à

500°C (tableau III.3). L'élargissement important des signaux RMN, qui conduit à un spectre très similaire à celui d'une silice amorphe, ne signifie pas nécessairement que la structure des feuillets est perdue. En effet la calcination peut conduire à un changement important des contraintes locales dans le feuillet et ainsi à une distribution importante d'environnement pour les atomes de Si. Une étude concernant l'effet de la température de calcination sur l'allure du spectre RMN ^{29}Si du support délaminé a été réalisée (figure III.14). Cette étude montre que la largeur des bandes du spectre RMN augmente fortement avec la température de calcination. Ainsi, déjà pour une température de calcination de 300°C les composants Q^4 ne peuvent plus être nettement distinguées les unes des autres (voir annexe).

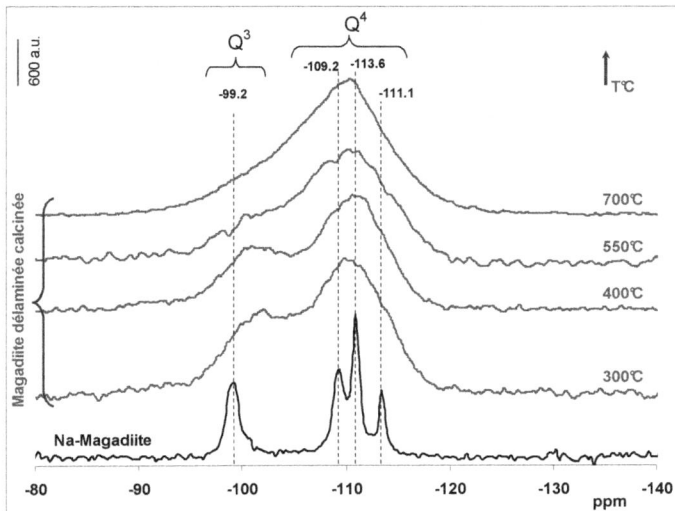

Figure III.14: Spectres ^{29}Si RMN des échantillons de magadiite délaminée calcinée à différentes températures de calcination comparés avec le spectre de la Na-magadiite de synthèse.

99

Par ailleurs, on peut toujours distinguer entre les composants Q^3 et Q^4, et le rapport Q^3/Q^4 n'est plus conservé à 700°C (voir dès 550°C). Ce dernier résultat, tout en constituant une indication que la structure des feuillets a pu être préservée pendant l'étape de délamination n'est pas en soi une preuve suffisante.

VII. Caractérisation par spectroscopie IR

Des caractérisations par spectroscopie vibrationnelle de la magadiite, et la kényaite de synthèse ainsi que de leurs formes délaminées ont été réalisées afin d'obtenir, d'une part, des informations structurales supplémentaires, et d'autre part d'étudier l'évolution de leur structure après délamination.

Les spectres vibrationnels de ces silicates peuvent être divisés en deux régions. La première région couvre une gamme de fréquence entre 4000 et 1600 cm^{-1} où les vibrations d'allongement O-H et de déformation des molécules d'eau apparaissent. La seconde région (en-dessous de 1300 cm^{-1}) inclut les vibrations de réseau des couches silicates (déformation O-Si-O etc.).

Vibrations des couches silicates et des cations associés. Les attributions des bandes vibrationnelles de la magadiite et de la kényaite du départ, sont indiquées dans le tableau III.4.

La magadiite et la kényaite montrent en IR des bandes à 1233, 1232 cm^{-1} respectivement (figure III.15). Ces bandes à hautes fréquences peuvent être attribuées aux allongements asymétriques des ponts v_{as}(Si-O-Si). Dans les zéolithes pentasil et mordenite comme la ZSM-5 et la ZSM-11, Jansen et *al.* (Jansen et *al.* 1984) ont trouvé en IR des bandes à 1225 cm^{-1} caractéristiques des cycles à cinq SiO$_4$ (S5) dans la structure de ces zéolithes.

Par analogie Garcès et ses collaborateurs interprètent la bande en IR à 1237 cm[-1] observée pour la magadiite comme une indication de l'existence des cycles S5 dans la structure (Garcès et *al.* 1988).

Magadiite Position (cm⁻¹)		Kényaite Position (cm⁻¹)		Attribution
3656		3655		
3578		3578		ν (OH)
3293, 3230		3440, 3240		
1660		1672		
1627		1627		δ(HOH)
1233 SiO₄	*Cycle à 5*	*1232 SiO₄*	*Cycle à 5*	
1151		*1158*		ν_{as} *(Si-O-Si)*
1179	*∠SiOSi = 180°*	*1171*	*∠SiOSi = 180°*	
1078		1087		ν (Si-O⁻)
1054		1052		
820		818		
778		793		
690		780		ν_s' (Si-O-Si)
618		690, 615		
576		574		

Tableau III.4: *position et attribution des bandes vibrationnelles (cm⁻¹) de la magadiite et la kényaite de synthèse.*

Bien que cette attribution soit empirique, elle est largement acceptée par la communauté des zéolithes car ce mode de vibration a été observé pour plusieurs zéolithes contenant des cycles S5 avec des structures connues, incluant la silicalite, la mordénite, la boralite, la ferrierite, l'épistilbite, la dachiardite, la ZSM-5, la ZSM-11, la ZSM-12, la ZSM-22 et la ZSM-23 (Szostak, 1989).

Cette attribution a été utilisée pour identifier la présence de cycles à 5 tétraèdres dans des zéolithes de structure inconnue comme la ZSM-35 (Szostak, 1989).

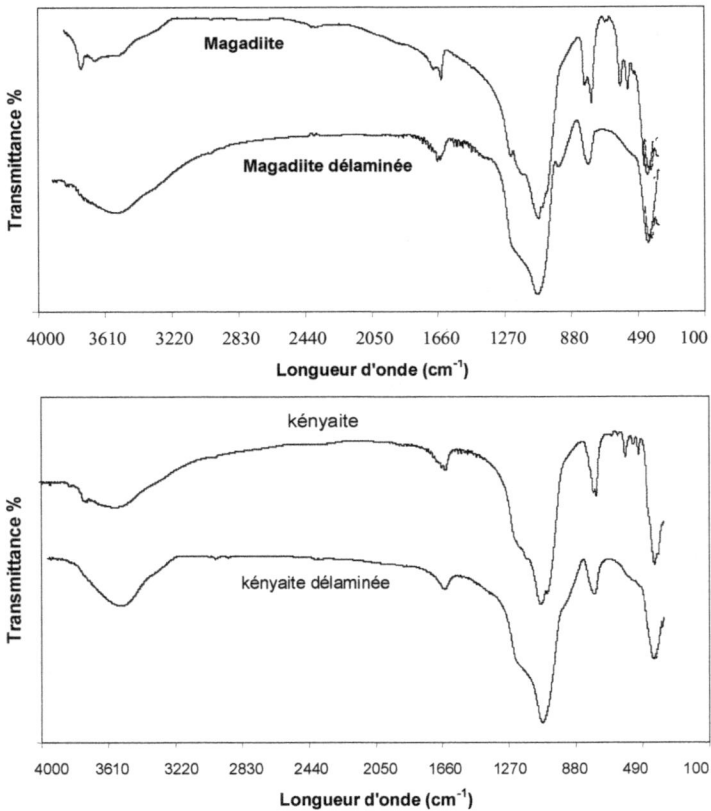

Figure III.15: *Spectres IR de la magadiite et la kényaite et leur forme délaminée.*

102

Le spectre IR de la magadiite possède une autre bande à 1179 cm^{-1} avec un épaulement à 1151 cm^{-1}. Une bande semblable à 1171 cm^{-1} est observée dans le spectre de la kényaite. A partir de l'étude des spectres IR des pyrosilicates contenant des groupes Si_2O_7, où l'angle SiOSi est voisin de 180°, Lazarev a suggéré que les bandes situées entre 1150 et 1200 cm^{-1} pouvaient être associées à l'existence des ponts Si-O-Si avec des angles proches de 180° (Lazarev 1972).

A partir de leur étude en IR de la silinaite (phyllosilicate de structure connue pour lequel l'existence d'angle Si-O-Si voisins de 180° est avérée) (Huang et *al.* 1999). Huang et *al.* suggèrent que la magadiite et la kényaite contiennent des liaisons Si-O-Si avec des angles ouverts, proches de 180°. Cette attribution est contestée par Eypert-Blaison et *al.* (Eypert-Blaison et *al.* 2002), qui associent la bande à 1200 cm^{-1} à δ (Si-OH).

L'identification des connexions linéaires Si-O-Si dans la magadiite et la kenyaite constitue une preuve supplémentaire qu'il y a des cycles à six SiO_4 dans la structure de ces matériaux. En effet, si les angles O-Si-O dans les cycles à six sont 109,5°, les angles Si-O-Si doivent être égaux à 178,5° (Galeener et *al.* 1982).

Vibrations internes des groupes OH. En général, les vibrations d'allongement des groupes OH (ν_{OH}) des molécules d'eau et des silanols dans les silicates hydratés sont observées entre 3700 et 3000 cm^{-1} (Lazarev 1972). Dans cette région, le spectre IR de la magadiite montre quatre bandes : deux bandes fines à hautes fréquences (3656 et 3578 cm^{-1}) et deux bandes très larges partiellement superposées à basses fréquences (3293 et 3230 cm^{-1}). Les bandes larges à basses fréquences sont liées aux groupes OH des silanols impliqués dans une liaison hydrogène intercouches. La présence d'une forte liaison hydrogène entre les feuillets dans la magadiite est aussi suggérée par Almond et *al.*, et basée sur les résultats expérimentaux de RMN en polarisation croisée ^{1}H-^{29}Si (Almond et *al.* 1994). Rappelons cependant que les structures récemment publiées de la kanemite et de l'ilerite ne mettent pas en évidence la présence de liaisons H entre les feuillets mais plutôt de liaisons H intra-feuillets (la cohésion entre les feuillets étant assurée par des liaisons H avec les molécules d'eau de coordination du sodium. Les bandes étroites à fréquences plus élevées peuvent être attribuées aux groupes OH isolés, suggérant que les groupes hydroxyles des molécules d'eau ne sont pas tous impliqués dans des liaisons hydrogène fortes, probablement en interaction avec les cations sodium présents entre les feuillets (C. Eypert Blaison et *al.* 2002).

De la même façon, la kényaite montre deux types de bandes d'élongation des groupes OH : une bande large à basses fréquences proche de 3460 cm^{-1} indiquant des hydroxyles en interaction hydrogène forte et une bande fine à haute fréquence dans la région située entre 3550-3670 cm^{-1} qui correspond aux groupes hydroxyles libres. Pour les deux silicates (magadiite et kényaite) les modes de déformation des molécules d'eau sont observés comme un doublet dans la région 1670-1620 cm^{-1}. L'observation de ces deux modes dans chacun de ces silicates peut être attribuée à l'existence de plusieurs molécules d'eau cristallographiquement non équivalentes dans l'unité cellulaire.

Les spectres de la magadiite et la kényaite délaminée-calcinée sont très semblables aux spectres initiaux avec cependant un élargissement de la totalité des bandes vibrationnelles des couches silicates. Cet élargissement est dû à la distorsion des liaisons Si-O-Si lors de la procédure de délamination et surtout lors de l'étape de calcination. Les bandes situées à

618, 690 et 576 cm^{-1} pour la magadiite et à 690, 615, 574 cm^{-1} pour la kényaite et qui sont relatives aux modes de vibrations symétriques δ_s (Si-O-Si) à basses fréquences sont absentes de matériaux délaminés calcinés. Cependant les bandes caractéristiques des cycles S5 (1233 et 1232 cm^{-1}) persistent dans les deux spectres des matériaux délaminés témoignant de la conservation partielle de la structure locale du feuillet silicate après délamination.

VIII. Conclusion

D'après l'étude effectuée sur la Na-magadiite et la Na-kényaite dans cette première partie du travail, nous avons montré avec succès que ces phyllosilicates peuvent être transformés de manière reproductible en des supports siliciques à hautes surfaces spécifiques.

La procédure consiste à (i) échanger les cations sodium (Na$^+$) par des ions d'agent tensio-actif (C$_{16}$TMA$^+$), (ii) séparer les feuillets silicates par traitement aux ultrasons en présence d'un additif TPAOH (c'est l'étape de délamination à proprement parler), et finalement (iii) éliminer les ions C$_{16}$TMA$^+$ par calcination.

Notons que cette procédure, inspirée de celle développée par l'équipe de Corma pour la synthèse des ITQ-2, -6, -18 a due être modifiée (gonflements multiples, séchage par lyophilisation) pour permettre d'obtenir des matériaux à surface spécifique élevée. Les raisons pour lesquelles ces modifications ont été nécessaires et leurs conséquences sont détaillées dans le chapitre V.

Dans l'étape (i), les ions C$_{16}$TMA$^+$ à longue chaîne gonflent l'espace entre les feuillets de la magadiite (ou de la kenyaite). Cet effet est mis en évidence par l'augmentation importante de leur espace basal (d$_{001}$). L'analyse thermique a par ailleurs mis en évidence un échange complet des

Na$^+$ par les C$_{16}$TMA$^+$ et l'absence d'échange des H$^+$. A cette étape la conservation de la structure des feuillets est clairement démontrée par les résultats de RMN du ^{29}Si et de diffraction des RX.

Le traitement aux ultrasons appliqué à ces matériaux intercalés dans l'étape (ii) a comme conséquence une perte d'ordre cristallin (mise en évidence par diffraction) qui traduit une délamination importante. La conservation partielle de l'intégrité des feuillets après délamination et lyophilisation a été mise en évidence par RMN du ^{29}Si. La présence d'un pic peu intense dans la gamme des déplacements chimiques de Si Q^2 (Si(O-Si)$_2$(OH)$_2$), traduit cependant une légère altération de ces feuillets qui ont été probablement coupés ou localement érodés lors de cette étape.

Les matériaux obtenus après la dernière étape (étape (iii) ont été caractérisés en détail, par des techniques globales (physisorption de N$_2$), semi-locales (MET) et locales (spectroscopies RMN et IR). La physisorption de N$_2$ a montré que ces matériaux développent une surface spécifique près de 24 fois (magadiite) ou 13 fois (kényaite) supérieure à celle du phyllosilicate de départ. Ces matériaux présentent une distribution de taille de pores large avec une contribution microporeuse relativement faible (< 20%). Les micrographies de TEM et de SEM ont montré une modification dans l'aspect des particules. Tandis que les Na$^+$-phyllosilicates initiaux consistent en des empilements de feuillets rectangulaires, les matériaux délaminés présentent une agglomération des couches pliées ou chiffonnées. La dissolution locale des feuillets peut s'être produite, mais la connectivité bidimensionnelle 2-D est globalement maintenue. En même temps, les spectroscopies RMN ^{29}Si et FTIR suggèrent que la structure du feuillet (connectivité locale des tétraèdres (SiO$_4$)) est partiellement conservée tout au long du procédé synthétique, comme en témoigne la conservation du rapport Q^3/Q^4 (1/3 pour la magadiite et 1/5 pour la kenyaite) et de la signature spectrale des cycles de siloxane, en particulier à 1232 cm^{-1} pour les cycles à cinq chaînons. En outre, les produits finaux montrent un grand nombre de groupements silanols non-liés (bande à 3650 cm^{-1}).

Après avoir démontré dans cette partie du travail la délamination des matériaux purement siliciques, nous étudierons dans le chapitre suivant la possibilité de substitution isomorphe de silicium par l'aluminium.

Références

Almond G.G., Harris R. K., Grahamm P., *J. Chem. Soc., Chem Commun*, **1994**, 851.

Brindly G.W., *Am. Miner.*, **1969**, 54, 1583.

Brenn U., W. Schwieger, K. Wuttig, *Colloid. Polym. Sci.*, **1999**, 277, 394.

Brenn U., Fyfe C.A., Grondey H., Fu G. and Kokotailo G.T., *Stud. Sci. Cata.*, **1995**, 94, 47.

Corma A., Diaz U., Domine M. E., and Fornés V., J. *Am. Chem. Soc.*, **2000**, 122, 2804.

Corma A., Fornés V. and Diaz U., *Chem. Commun,* **2001**, 2642.

Eugster H.P., *Science*, **1967,** 157, 1177.

Eypert-Blaison, C. Michot, L. J. Humbert, B. Pelletier, M. Villieras, F. d'Espinose de la Caillerie, J.-B., *J. Phys. Chem. B;* **2002**, 106, 730.

Fletcher R. A. and Bibby D. M., *Clays and Clay Miner.*, **1987**, 35, 318.

Fyfe, C. A.; Skibsted, J.; Schwieger, W. *Inorg. Chem.* **2001**, 40, 5906.

Galeener F. L., *J. Non-Cryst. Solids*, **1982**, 49, 53.

Garcés J.M., Rocke, S.C., Growder C.E., Hasha D.L. 1988, *Clay and Clays Minerals*, **1988**, 36, 409.

Gardiennet C. and Tekely P., *J. Phys. Chem. B*, **2002**, 106, 8928.

Gardiennet C., Marica F., Fyfe C. A. and Tekelym P., *J. Chem. Phys.*, **2005,** 122, 418.

Huang, Y., Jiang, Z., Schwieger, W. *Chem. Mater.* **1999**, 11, 1210.

Jansen J. C., Van der Gaag F. J., Vann Bekkum H., *Zeolites*, **1984**, 4, 369.

Kleitz and al., *Micropor. Mesopor. Mater.*, **2001**, 95, 44.

Kleitz and al., *Micropor. Mesopor. Mater.*, **2003**, 1, 65.

Kosuge K., Yamazaki A., Tsunashima A. and Otsuka R., *J. Ceram Soc. Jpn.*, **1992**,100, 326.

Lagaly G., Beneke K., and Weiss A., *Am. Mineralogist*, **1975**, 60, 650.

Lagaly G., Klaus B. & Weiss A., *Am. Mineralogist*, **1973**, 60, 663.

Lazarev A.N., "Vibrational Spectra and Structure of Silicates", *Publisher: (Consultants, NewYork, N.Y.),* **1972,** 302pp.

Oberhagemann U., Topalovic I., Marler B. & Gies H., *Stud. Surf. Sci. & Catal.*, **1995**, 98, 17.

Occelli M. L., Landau S. D., and Pinnavaia, Th. J., *J. Catal.*, **1984**, 90, 256.

Pal-Borbely, G., Auroux, A. *Stud. Surf. Sci. Catal.*, 94, **1995**, 55, 2804. Schwieger W., Pohl K.,

Rojo J.M., Ruiz-Hitzky E., Sanz J., *Inorg. Chem.*, **1988**, 27, 2785.

Ryczkowski J., Goworek J., Gac W., Pasieczna S., Borowiecki T., *Termochimica Acta*, **2005**, 434, 2.

Sassi M., Miehé-Brendlé J., Patarin J. et Bengueddach A., *Clay Miner.*, **2005**, 40, 369.

Schwieger W., Heidemann D., Bergk K-H, *Rev. Chim. Minerale*, **1985**, 22, 639.

Szostak R., *Molecular Sieves, Van Norstrand Reihold: New York*, **1989**, pp 323.

Chapitre IV

"Introduction d'aluminium et délamination de l'Al-magadiite et l'Al-kényaite"

I. Introduction

L'acidité forte des zéolithes est souvent reliée à la présence de ponts Si-OH-Al, que l'on ne retrouve pas dans les silices-alumines. Des supports présentant une acidité de Brønsted comparable à celle des zéolithes mais dans une porosité plus ouverte auraient de nombreuses application en craquage et en hydrocraquage. Les expériences réalisées par Pal-Borbely et *al.* (Pal-Borbely et *al.* 1995) ont montré la faisabilité de la substitution isomorphe du silicium par l'aluminium dans les feuillets de la magadiite et mis en évidence la présence de ponts Si-OH-Al dans la forme acide de l'Al-magadiite. Nous allons donc, dans cette partie, chercher à synthétiser des Na-Al-magadiite (Si/Al=20, 25, 30 et 45) et la Na-Al-kényaite (Si/Al=20 et 30). Nous nous attacherons en particulier à vérifier qu'il s'agit bien d'une substitution isomorphe au moyen des RMN ^{27}Al et ^{29}Si ainsi que de la diffraction des rayons X. Ces phyllosilicates seront ensuite délaminés en appliquant une procédure identique à celle utilisée pour les magadiite et kenyaite purement siliciques. Les caractérisations effectuées auront pour but de vérifier non seulement l'efficacité de la délamination (DRX, adsorption de N$_2$) et la préservation des feuillets (RMN ^{29}Si) mais surtout l'absence de désalumination et de mettre en évidence les propriétés acides (adsorption de CO, craquage du cumène).

II. Caractérisation des aluminophyllosilicates de départ

II.1. Analyses chimiques

Les analyses chimiques (Centre d'Analyse de CNRS, Vernaison) effectuées sur les aluminosilicates (tableau IV.1) montrent que le pourcentage d'aluminium dans la phase solide est proche de celui qui peut être calculé pour la solution de synthèse.

Au moins 90% de l'aluminium présent dans le milieu de synthèse a été incorporé dans la phase solide.

	Echantillon			
	Na-Magadiite de synthèse	Na-Kényaite de synthèse	Na[Si,Al]-Magadiite de synthèse	Na[Si,Al]-Kényaite de synthèse
Si/Al	∞	∞	30	30
%Si	36,20	40,40	36,20	43,60
	36,23*	39,43*	36,23*	39,43*
%Al	0	0	0,7*	1,1*
			0,6	0,9

Tableau IV.1 : *Analyses chimiques des échantillons de synthèse Al-substitués (exemple, Si/Al=30); *Valeurs calculées à partir de la composition de la solution de synthèse.*

II.2. Caractérisation structurale (DRX)

Les diffractogrammes RX de la Na[Si,Al]-magadiite (Si/Al=20, 25, 30, 45 et ∞) et la Na[Si,Al]-kényaite (Si/Al=20, 30 et ∞) sont présentés sur la figure IV.1.

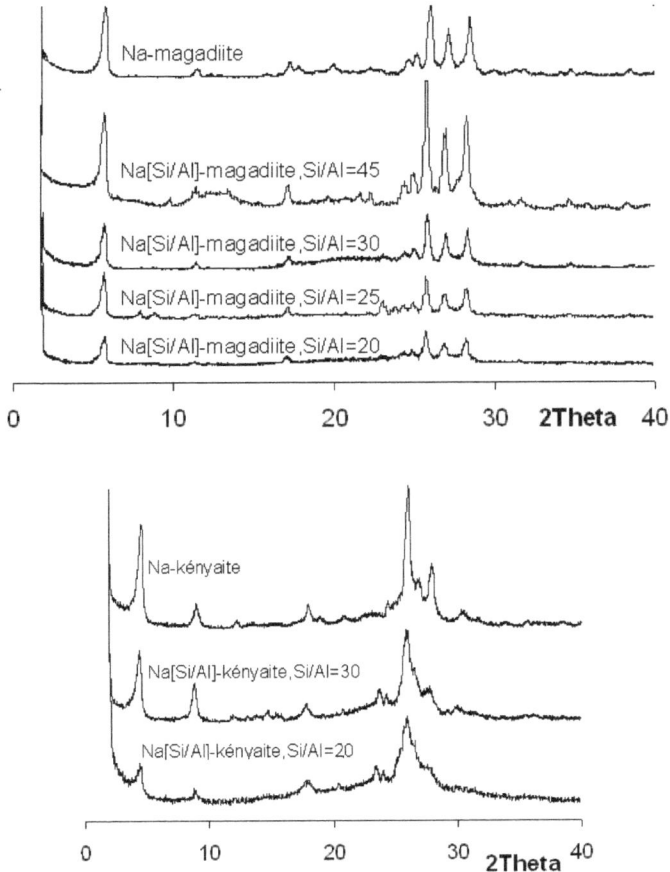

Figure IV.1: Diffractogrammes RX de la Na[Si,Al]-magadiite et la Na[Si,Al]-kenyaite synthétisés avec différents rapports (Si/Al) comparée avec leur forme silicique du départ.

Les diffractogrammes des phyllosilicates contenant de l'aluminium sont très similaires à ceux des phyllosilicates purement siliciques. La substitution des atomes de Si par des atomes d'Al peut donc être réalisée sans modification de la structure cristalline et en particulier sans modification du paramètre de maille. On observe cependant une diminution de l'intensité des pics de diffraction pour Si/Al $\geq$30 qui a été attribuée par Schweiger et *al.* au coefficient d'adsorption plus élevé de l'aluminium (Schweiger et *al.* 1995).

II.3. Caractérisation structurale (RMN du ^{29}Si)

Les échantillons de Na-magadiite aluminique ont été analysés par RMN du ^{29}Si afin de confirmer la conservation de la structure des feuillets de silicates après introduction d'Al.

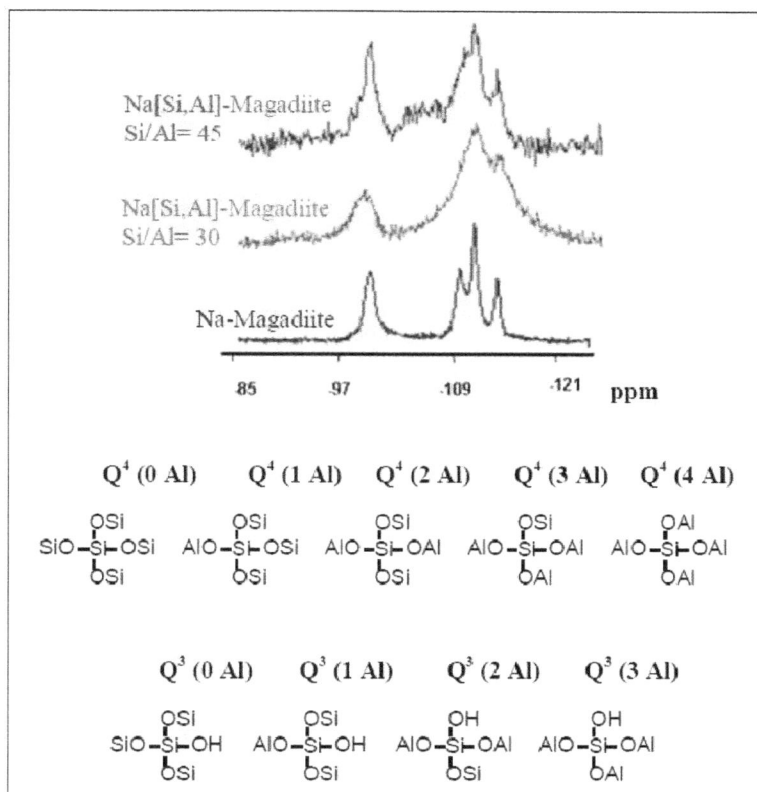

Figure IV.2: *Spectres RMN ^{29}Si des aluminophyllosilicates de synthèse et les différentes possibilités d'environnements chimiques du silicium présentes dans leur structure (exemple d'une magadiite Al-substituée).*

La figure IV.2 montre les spectres RMN ^{29}Si des échantillons de magadiites Al-substituées (exemple, Si/Al= 30, 45).

Les spectres (figure IV.2) montrent un élargissement des pics pour les échantillons Al-substitués comparés avec la Na-magadiite. Cet élargissement est dû à une modification de l'environnement chimique du silicium. En effet, la substitution du silicium par l'aluminium contribue à la formation de plusieurs environnements chimiques (figure IV.2). Des calculs réalisés, dans le cas des zéolithes, (Vega et *al.* 1996) et basés sur une distribution aléatoire des aluminiums dans le réseau ont montré que pour des rapports Si/Al supérieurs à 20 seules les espèces Q_4^0 et Q_4^1 étaient présents dans la structure. Par analogie, on peut supposer que seules les espèces de type Q_4^0, Q_4^1, Q_3^0 et Q_3^1 sont présentes dans les magadiites et kenyaite substituées. Par ailleurs la substitution d'un atome de silicium par un atome d'aluminium conduit à un déplacement des pics en RMN du ^{29}Si d'environ +5 ppm. Un tel écart ne peut pas justifier l'élargissement des raies RMN observées, il devrait plutôt conduire à un dédoublement du spectre. En fait l'élargissement des pics vient non pas d'un effet de la substitution par aluminium au premier ordre mais au deuxième (Q_4^0 ayant parmi leur voisin des Si Q_4^1) voire même à des ordres supérieurs (Fyfe, et *al.* 1983). Cet effet peut, dans le cas de zéolithes pour lesquelles il existe plusieurs environnements cristallographiques pour les atomes de Si, conduire à une perte complète de la résolution des différents environnements (figure IV.3).

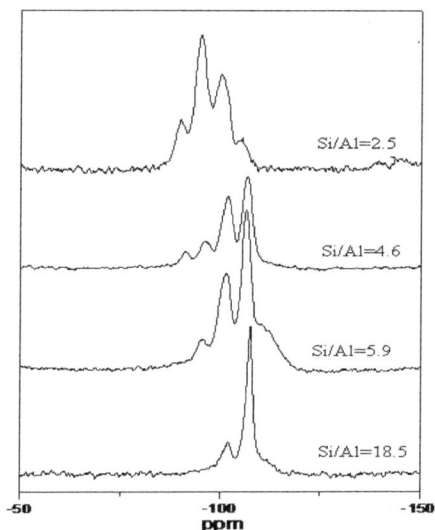

Figure IV.3: Spectre RMN ^{29}Si d'une zéolithe synthétisée avec des rapports (Si/Al) croissants (de bas en haut). Figure extraite de Fyfe, et al., Chem. Lett. 1983).

Il en résulte qu'à chacun des sites cristallographiques non équivalents du phyllosilicate doit maintenant correspondre, non plus un seul signal fin, mais (au moins) deux composantes séparées d'environ 5 ppm, et dont l'intensité relative dépend du rapport Si/Al. Comme cet écart est du même ordre de grandeur que celui qui sépare deux sites Q^4 distincts, les signaux correspondant à deux sites peuvent se superposer, donnant l'impression d'un élargissement du signal.

L'élargissement observé sur le spectre des magadiites substituées avec de l'aluminium ne traduit donc pas une perte de l'ordre dans les feuillets, mais plutôt l'insertion de l'aluminium dans ces feuillets (à titre de comparaison, la figure IV.4 illustre un effet semblable observé par Kennedy et *al.* pour une zéolithe H-MCM22 substituée à l'Al).

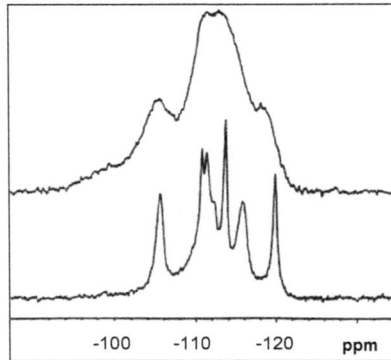

Figure IV.4: *Spectre RMN ^{29}Si d'une H-MCM-22 synthétisée avant (en haut, Si/Al=20-30) et après (en bas) une désalumination sévère. Figure extraite de Kennedy, catalysis today 1999.*

Echantillon	Déplacement chimique		
	Q^3	Q^4	Q^3/Q^4
Na-Magadiite	-99,2	-109,3	0,3*
		-111,0	0,3**
		-113,5	
Na[Si,Al]-Magadiite	-99,0	-109,4	0,3*
Si/Al = 45		-110,6	
		-113,6	
Na[Si,Al]- Magadiite	-98,4	-110,8	0,4*
Si/Al = 30		-114,3	

Tableau IV.2: *Déplacements chimiques (en ppm) de la Na[Si-Al]magadiite obtenus par RMN MAS ^{29}Si et rapport Q^3/Q^4 calculé à partir de l'intégration de ces spectres (*) et rapportés dans la bibliographie (** Schwieger et al. 1985).*

118

Il est toujours possible de distinguer les Si Q^4 des Si Q^3 et le rapport entre ces deux types d'environnement reste voisin de la valeur trouvée dans la magadiite purement silicique (Q^3/Q^4=1/3) (tableau IV.2), ce qui va également dans le sens de la conservation de la structure des feuillets silicates et confirme donc que la diminution d'intensité des pics de diffraction n'est pas due à la présence d'une phase amorphe.

II.4. Localisation de l'aluminium (RMN ^{27}Al)

Les spectres MAS RMN ^{27}Al des aluminophyllosilicates montrent un seul signal dans la région de l'aluminium tétraédrique, à δ = +51,6 ppm pour Na-[Si,Al]-magadiite et +53,0 ppm pour la Na-[Si,Al]-kényaite (figure IV.5).

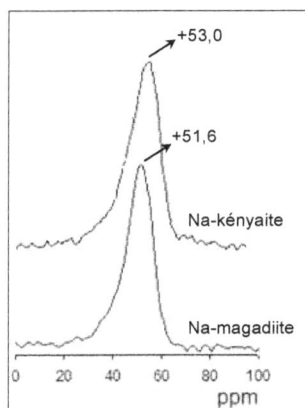

Figure IV.5: *Spectres RMN ^{27}Al des aluminophyllosilicates de synthèse.*

On n'observe aucune trace d'Al octaédrique, qui devrait se manifester par un signal aux environs de 0 ppm (Figure IV.5). Ceci confirme les résultats reportés par Schweiger et *al*. concernant la substitution isomorphe complète de l'aluminium dans les feuillets de silicate.

III. Caractérisation des aluminophyllosilicates délaminés *(exemple de la Al-magadiite délaminée Si/Al=30)*

Une procédure de délamination identique à celle utilisée pour les phyllosilicates purement siliciques a été appliquée aux aluminophyllosilicates. L'étude des caractéristiques physicochimiques de ces supports va donc faire intervenir d'une part les techniques mises en œuvre pour la caractérisation des phyllosilicates purement siliciques (adsorption-désorption de N_2, RMN du ^{29}Si) et d'autre part des techniques liées à la présence d'aluminium (RMN de l'^{27}Al pour étudier l'environnement local de l'aluminium, et craquage du cumène et adsorption de CO pour étudier les propriétés acides des échantillons).

III.1 Diffraction des rayons X

Le diffractogramme RX (figure IV.6) de la Na[Si,Al]-magadiite (Si/Al=30) délaminée est caractéristique d'un matériau amorphe (disparition totale des pics de structure de la magadiite), tout comme l'était celui de la Na-magadiite. La périodicité perpendiculairement aux feuillets est perdue après délamination-calcination.

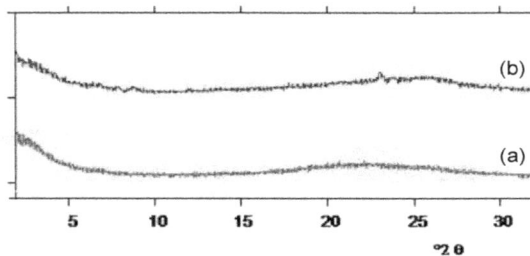

Figure IV.6: Diffractogramme de la magadiite délaminée calcinée purement silicique (a) et de la Na[Si,Al]-magadiite délaminée (Si/Al=30) (b).

III.2. RMN de l'^{27}Al

Les spectres RMN MAS de l'^{27}Al montrent que l'aluminium présent dans la Na[Si,Al]-magadiite (Si/Al=30) délaminée est toujours en substitution tétraédrique dans les feuillets (pic à +51,6 ppm, observé sur le matériau de départ avant délamination (figure IV.7).

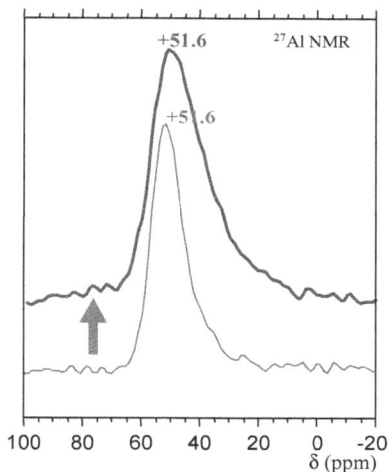

Figure IV.7: *Spectres RMN ^{27}Al de la Na[Si,Al]-magadiite (Si/Al=30) de synthèse (spectre de bas) et de son dérivée délaminée calcinée (spectre de haut).*

Ceci indique que le traitement de délamination ne conduit pas à une désalumination des feuillets (absence d'aluminium en coordinence octaédrique. Un léger élargissement du pic est observé par rapport au matériau de départ, qui traduit probablement une plus large distribution d'environnements chimiques pour l'aluminium suite aux différentes étapes de traitements.

III.3. RMN du ^{29}Si

Les résultats de la RMN ^{29}Si obtenus sur les supports aluminosiliciques délaminés-calcinés (figure IV.8) sont très similaires à ceux déjà obtenus sur les supports délaminés purement siliciques dans le chapitre III.

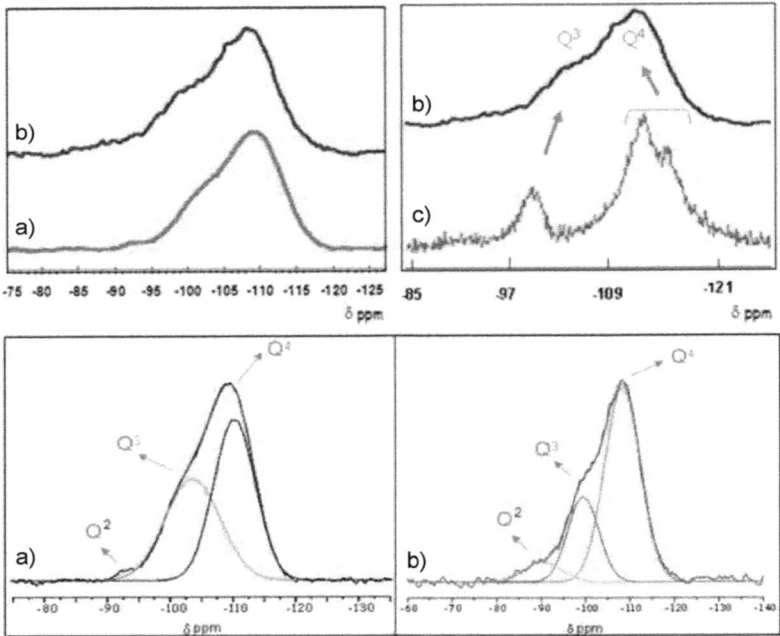

Figure IV.8: *(en haut) Comparaison entre les spectres RMN ^{29}Si de la magadiite silicique délaminée (a) et la Al-magadiite délaminée Si/Al=30 (b) d'une part, et entre le spectre de cette dernière et celui de la Na[Si/Al]-magadiite Si/Al=30 (c) du départ d'autre part.(En bas) Déconvolution des spectres RMN ^{29}Si de (a) et (b) (la composante de faible intensité dans la zone des Q^2 (δ=-92 ppm) a probablement été créée lors du traitement aux ultrasons).*

Après la délamination suivie d'une calcination, les différents signaux des feuillets de l'Al-magadiite (Si/Al=30) ne sont plus individuellement reconnaissables, tout comme dans le cas des supports purement siliciques. L'élargissement important des signaux RMN, qui conduit à un spectre très similaire à celui d'une silice amorphe, ne signifie pas nécessairement, comme nous l'avons discuté au chapitre III que la structure des feuillets est perdue.

Par ailleurs on peut toujours distinguer entre les composants Q^3 et Q^4, et le rapport Q^3/Q^4 est approximativement le même que pour la Al-magadiite (Si/Al=30) de départ. Cette distinction des composants (Q^3 et Q^4) est montrée par l'intégration des spectres des phyllosilicates délaminées calcinés de la figure IV.8 (exemple de la magadiite délaminée (Si/Al=30 et ∞).

III.4. Surface et porosité (traitement BET, BJH)

Comme dans le cas des supports délaminés purement siliciques, la Al-magadiite et la Al-kenyaite (ex. Si/Al=30) montrent une surface spécifique (513 et 377 $m^2.g^{-1}$ respectivement) beaucoup plus élevée que celle des matériaux de départ (24 et 30 $m^2.g^{-1}$ respectivement) accompagnée d'une mésoporosité ouverte (figure IV.9). Cette mésoporosité est mise en évidence par la boucle d'Hystérèse H_3 formée après délamination.

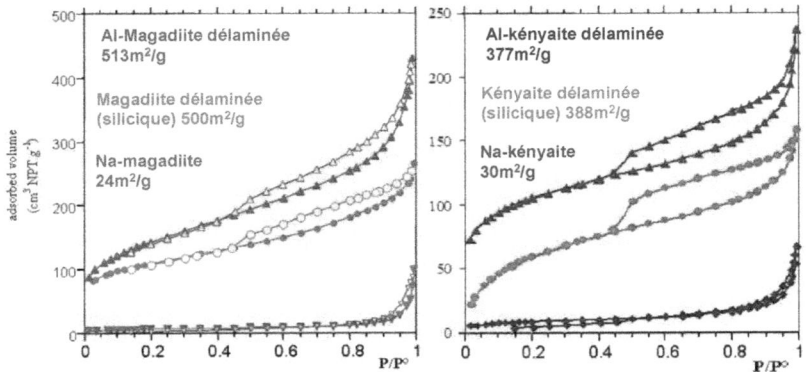

Figure IV.9: *Isothermes de physisorption d'azote sur les supports siliciques et aluminosiliciques délaminés calcinés. La kényaite délaminée (silicique) est décalée vers le bas d'un offset de 55 cm³.*

III.5. Adsorption de CO: exemple de la Na[Si,Al]magadiite (Si/Al=30)

La Figure IV.10.a. illustre le spectre IR de la Al-magadiite délaminée (Si/Al=30) calcinée dans la région des bandes OH. Le spectre montre une bande fine et intense à 3748 cm^{-1} qui est due aux espèces silanols SiOH isolés de la surface. Le pic d'intensié très faible vers 3620 cm^{-1} pourrait être dû aux sites acides de Brønsted Si(OH)Al crées après la substitution de l'Al dans la structure des feuillets des phyllosilicates. La faible intensité de ce pic pourrait être due aux effets sévères du traitement aux ultrasons et du traitement thermique à 700°C. (À titre de comparaison, la figure IV.10.b. illustre un effet semblable observé par Onida et *al.* (Onida et *al.* 2003) pour une ITQ-2 lors d'une délamination d'une zéolithe MCM-22 substituée à l'Al).

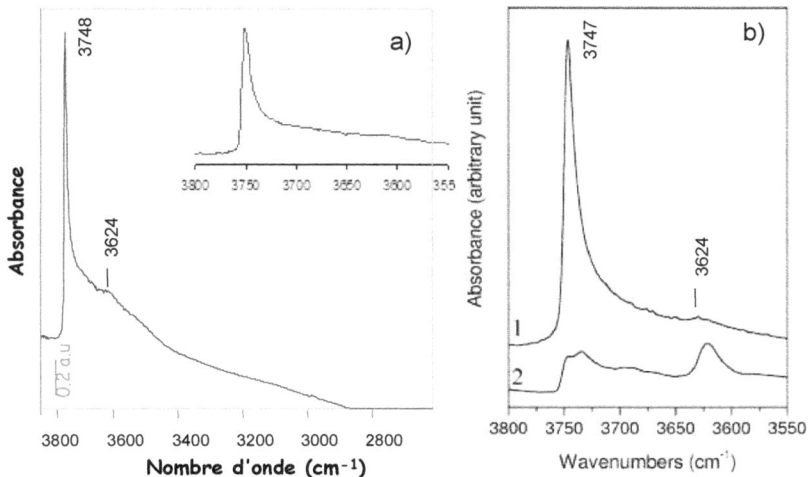

Figure IV.10: (a) *Spectres IR de la Al-magadiite délaminée calcinée (Si/Al=30) (spectre de gauche) montrant les 2 types de groupements OH de surface après délamination,* **(b)** *spectres IR d'une ITQ-2 (b-1) après délamination d'une MCM-22 Al substituée (b-2). Figure extraite d'Onida, Journal of Catalysis 2003.*

Le suivi de l'évolution des spectres différence après ajout de doses successives de CO permet de caractériser la présence de groupements hydroxyles d'acidité différente (figure IV.11). Les premiers ajouts de CO conduisent à l'apparition d'une bande positive $v(OH)$ à 3300 cm^{-1} et d'une autre, négative à 3611 cm^{-1}. Pour des ajouts supplémentaires de CO, une deuxième bande apparaît à 3455 cm^{-1}. L'apparition de cette bande est corrélée à celle d'un épaulement négatif à 3700 cm^{-1}. Pour des doses de CO plus importantes, une troisième et une quatrième bande situées respectivement à 3573 cm^{-1} et 3650 cm^{-1} apparaissent.

Si nous analysons en parallèle la région des bandes ν(CO), nous remarquons pour les premiers ajouts de CO, l'apparition d'une bande de faible intensité à 2228 cm^{-1}, ainsi que d'une bande d'intensité élevée à 2176 cm^{-1} ; quand la quantité de CO adsorbé augmente deux nouvelles bandes apparaissent et augmentent en intensité au fur et à mesure de l'ajout des doses de CO, l'une à 2158 cm^{-1} et l'autre à 2139 cm^{-1} (figure IV.11).

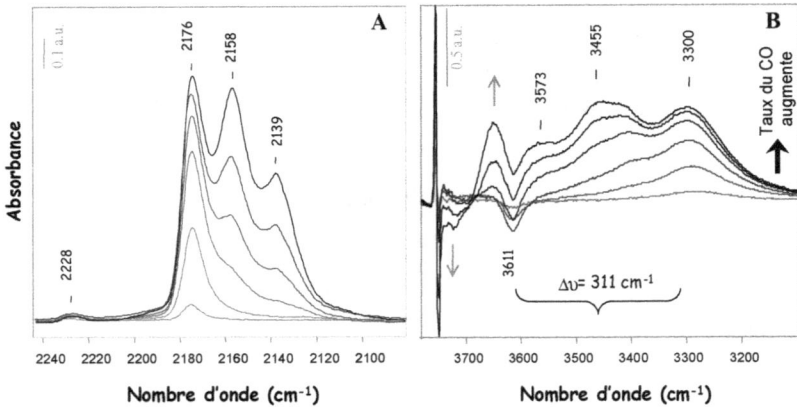

Figure IV.11: *Spectres IR en adsorption de CO de la Al-magadiite délaminée (Si/Al=30) pour des doses croissantes de CO (doses comprises entre ~ 9 et ~ 900 μmol.g^{-1}) Pour les toutes premières doses de CO introduites, une fraction de la bande à 3750 cm^{-1} est légèrement déplacée vers les plus hauts nombres d'onde(ce qui conduit au signal observé sur le spectre différence à cette fréquence). Ceci traduit une diminution de la température de l'échantillon liée à la l'introduction du CO qui améliore la conduction thermique dans la cellule.*

La bande à 2139 cm^{-1} correspond à du CO physisorbé. Les bandes à 3650 et 2158 cm^{-1} qui sont également observées lors de l'adsorption de CO sur des silices, peuvent donc être attribuées aux vibrations ν(CO...$\underline{OH}$) et ν($\underline{CO}$...OH) du CO adsorbé sur des silanols. Les autres bandes qui apparaissent dès un nombre de doses de CO plus faible correspondent donc à des hydroxyles plus acides que ceux de la silice. Par analogie avec les zéolithes les bandes à 3611, 3300 et 2177 cm^{-1} peuvent être attribuées respectivement à ν($\underline{OH}$), ν(CO...$\underline{OH}$) et ν($\underline{CO}$...OH) des hydroxyles de ponts Si-OH-Al.

L'écart entre la ν($\underline{OH}$) et la ν(CO...$\underline{OH}$) est de 311 cm^{-1}, c'est-à-dire une valeur similaire à celle observée pour des zéolithes d'acidité élevée telles que la ZSM-5 (311 cm^{-1}) ou la HBEA (320 cm^{-1}). Ces trois bandes traduisent donc la présence de sites acides de Brønsted forts identiques à ceux que l'on trouve dans les zéolithes. Comme ceux-ci sont généralement attribués aux OH pontants Si-OH-Al, leur présence confirme l'insertion de l'aluminium en substitution Td dans les feuillets. L'autre composante de la bande des ν($\underline{CO}$...OH) situées à 2158 cm^{-1} peut être attribué à des sites acides de Brønsted de moins forte acidité et associée soit à la bande ν(CO...$\underline{OH}$) à 3455 soit à celle à 3653 cm^{-1}. Ces bandes sont observées dans les silice-alumines amorphes (Crepeau, thèse 2002) et sont attribuées à la présence d'hydroxyles acides qui peuvent être soit de silanols au voisinage d'un site acide de Lewis (Crepeau, thèse 2002) soit des Al-OH (Bonelli 2004). La magadiite délaminée (Si/Al=30) combine donc les propriétés acides des zéolithes et des silices alumines amorphes.

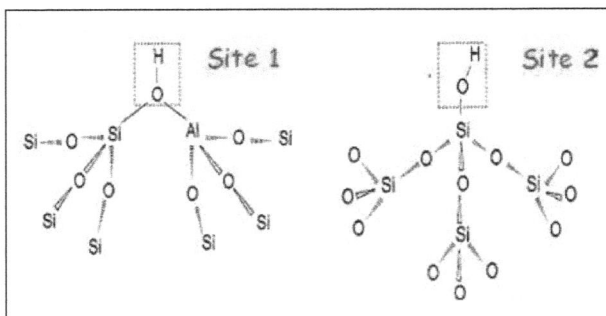

Figure IV.12: *Les deux types de sites acides de Bronsted observés pour la Al-magadiite délaminée (Si/Al=30) en IR d'adsorption de CO.*

Enfin, la bande à 2228 cm^{-1} de très faible intensité est attribuée à l'interaction de CO avec un site acide fort de Lewis. Cependant cette acidité de Lewis est considérée comme négligeable par rapport à celle observé généralement sur des zéolithes de types USY où l'acidité de Lewis est plus importante et qui est due à une partie d'aluminium octaédrique (Daniell et *al.* 2001). Un tel inconvénient n'est pas observé pour la Al-magadiite délaminée-calcinée (Si/Al=30) puisqu'il présente exclusivement des Al tétracoordinés.

III.6. *Mesure d'acidité (réaction test : craquage du cumène)*

Afin d'évaluer l'acidité de Brønsted de la Na[Si,Al]-magadiite délaminée (Si/Al=30), nous avons fait appel à une réaction-test ; le craquage du cumène.

Le cumène produit, en présence de sites acides de Brønsted du benzène et du propène. Dans les conditions de test (T = 300°C) on n'observe pas la formation d'α-méthylstyrène sur les sites acides de Lewis.

La Na[Si,Al]-magadiite (Si/Al=30) montre une conversion de cumène faible de l'ordre de 5%, un résultat qui n'est pas surprenant puisque la magadiite est un matériau de faible surface spécifique ($\approx 24 \text{m}^2.\text{g}^{-1}$) comme le prouvent les analyses de surface. La conversion par unité de surface de cet échantillon est en fait très élevée (voir Tableau IV.3), ce qui confirme la présence de sites acides forts (ponts Si-OH-Al) à la surface de ce matériau, avant délamination.

La délamination, en séparant les feuillets de la Na[Si,Al]-magadiite rend accessibles les sites situés entre les feuillets, comme en témoigne l'augmentation de surface, et permet ainsi d'augmenter fortement la conversion du cumène. On peut également noter que l'activité par unité de surface est deux fois plus élevée pour la Na[Si,Al]-magadiite (Si/Al=30) de départ que pour le matériau résultant de sa délamination. Ceci traduit probablement le fait que seule une partie des sites acides forts présents entre les feuillets est préservée par le traitement de délamination (l'autre partie étant éventuellement transformée en sites acides de plus faible acidité similaires aux sites acides présents dans les silices alumines). Ce résultat est en accord avec les résultats d'adsorption de CO qui montrent la présence, non seulement de sites acides forts (ponts Si-OH-Al, que l'on peut trouver dans les zéolithes) mais également de sites acides plus faibles. Les conversions des Na[Si,Al]-magadiite délaminées restent cependant nettement supérieures à celle observée pour une silice alumine amorphe (voir tableau IV.3) et sont plus élevées que celle d'un matériau mésoporeux ordonné usuel (Al-SBA-15). Elles se rapprochent même de celle d'une zéolithe H-BEA de même rapport Si/Al, en accord avec la présence de sites acides forts (ponts Si-OH-Al) sur ces deux supports.

Echantillon	Rapport Si/Al	Surface $(m^2.g^{-1})$	Conversion de cumène (%) à t = 0	Conversion de cumène (%) à t = 5h	Activité catalytique 10^{-9}. $(mol.s^{-1}.m^{-2})$ t = 0	Activité catalytique 10^{-9}. $(mol.s^{-1}.m^{-2})$ t = 5h
Al-magadiite	30	24	5	3	804	482
Al-magadiite délaminée	30	513	82	55	616	413
Al-kényaite	30	30	3	1	368	128
Al-kényaite délaminée	30	377	60	33	614	337
Silice-Alumine	5.7	466	12	10	100	82
Al-SBA15	30-40	850	30	17	136	77
H-BEA	25-30	350	90	81	992	893

Tableau IV.3: *Comparaison entre la conversion de cumène et/ou l'activité catalytique des différents supports synthétisés et des catalyseurs de références.*

IV. Conclusion

L'introduction contrôlée d'aluminium dans les feuillets de la Na-magadiite et la Na-kényaite a été réalisée avec succès en ajoutant des quantités adéquates d'AlOOH à la solution initiale de synthèse. Soulignons que la durée de la synthèse des alumino-silicates a été prolongée pour atteindre 10 jours au lieu de 3 jours dans le cas de la Na-magadiite et la Na-kényaite. La synthèse des supports aluminosiliciques avec différents rapports Si/Al (Na[Si,Al]-magadiite (Si/Al=20, 25, 30, 45) et la Na[Si,Al]-kényaite (Si/Al= 20 et 30) conduit à des matériaux présentant des caractéristiques structurales (DRX, RMN ^{29}Si) et texturales (physisorption de N_2) similaires ($20 < S_{BET} < 30$ m^2.g^{-1}) à celles des matériaux initiaux purement siliciques. Les analyses chimiques révèlent que plus de 90% de l'Al présent dans la solution initiale a été introduit dans la structure de la magadiite. L'introduction réussie d'aluminium en substitution tétraédrique dans les feuillets a été mise en évidence d'une part par la RMN de l'^{27}Al qui montre que tout l'Al est en coordinence tétraédrique (déplacement chimique : +52 ppm), et d'autre part par l'activité élevée (par unité de surface) pour la conversion du cumène.

La délamination de ces aluminophyllosilicates a conduit avec succès à des supports acides dont les caractéristiques structurales et texturales sont similaires à celles des supports délaminés purement siliciques: une surface spécifique élevée (supérieure à 500 m^2.g^{-1} pour la Al-magadiite délaminée Si/Al=30, et supérieure à 370 m^2.g^{-1} pour la Al-kenyaite délaminée Si/Al=30) et une porosité ouverte (plus de 80% des pores ont un diamètre supérieur à 20Å). Par ailleurs la délamination ne provoque pas de désalumination comme en témoigne la RMN de l' ^{27}Al. En outre les supports délaminés jouissent d'une acidité élevée proche de celle d'une zéolithe HBEA de même rapport Si/Al. La présence de ponts Si-OH-Al d'acidité forte, voisine de celle des sites acides d'une zéolithe HBEA ou ZSM-5 a été mise en évidence par adsorption de CO avec une valeur de $\Delta\nu(OH)$ de 311 cm^{-1} pour les sites les plus acides et la présence d'une bande négative à 3611 cm^{-1} caractéristiques de ponts Si-OH-Al. Ces supports présentent également des sites acides de Brønsted semblables à ceux que l'on trouve dans les silices-alumines amorphes, et une faible quantité de sites acides de Lewis.

La porosité ouverte de ces matériaux ainsi que la présence de sites acides forts similaires à ceux observés dans les zéolithes en font des supports prometteurs pour des applications en hydrocraquage. Ils ont donc été utilisés pour la préparation de catalyseurs MoS_2 supportés, qui sera l'objet du chapitre VI.

Références

Bonelli B., Onida B., Chen J.D., Galarneau A., Di Renzo F., Fajula F., Garrone E.,

Micro. and Meso. Mater., **2004**, 67, 95.

Cairon O., Chevreau Th., Lavalley J.C., *J. Chem. Soc., Faraday Trans.*, **1998**, 94, 3039.

Crepeau G., Université de Caen, Thèse de Doctorat, **2002**, Caen.

Daniell W., Schubert U., Glocker R., Meyer A., Noweck K.,Knozinger H., *Appl. Cata. A,***2000**, 196, 247.

Daniell. W., Topsøe N.-Y., Knözinger H., *Langmuir*, **2001**, 17, 6233.

Fyfe G.A., Gobi G.C., Linowski J.K., Tomas J.M., Ramdas S., *Nature*, **1982**, 296, 530.

Kennedy G.J., Lawton S.L., Fung A.S., Rubin M.K. Steuernage S., *Catal. Today,* **1999**,49, 385.

Morterra C., Magnacca G., *Catal. Today*, **1996**, 27, 497.

Onida B, , Borello L., Geobaldo F., Garrone E., *Journal of Catalysis*, **2003**, 214, 191.

Pal-Borbely, G., Auroux, A. *Stud. Surf. Sci. Catal.*, 94, **1995**, 55, 2804.

Schwieger W., Heidemann D., Bergk K.-H., *Revue de Chimie Minérale*, **1985**, 22, 639.

Schwieger W., Pohl K., Brenn U., Fyfe C. A., Grondey H., Fu G. and Kokotailo G. T.
Stud. Surf. Sci. & Cata., **1995**, 94, 47.

Travet A., Manoilova O.V., Tsyganenko A.A., Maugé F., Lavalley J.C., *J. Phy. Chem B,* **2002**, 106, 1350.

Vega Alexander J., *J. Phys. Chem.,* **1996**, 100(2), 833.

Chapitre V

"Optimisation de la procédure de délamination"

I. Introduction

Comme nous l'avons vu précédemment, la Na$^+$-Magadiite a subi trois échanges ioniques avec du bromure d'hexadécyltriméthylammonium (C$_{16}$TMA$^+$Br$^-$), avant d'être delaminée par traitement aux ultrasons, lyophilisée puis calcinée (voir partie expérimentale). La raison pour laquelle l'échantillon de magadiite a dû subir ces trois échanges ioniques consécutifs est notre observation expérimentale que la surface spécifique du support final (c.à.d. après délamination, lyophilisation et calcination) augmente progressivement avec le nombre d'échange effectués. Différentes expériences ont été réalisées dans le but de mieux comprendre cet effet du nombre de gonflements. Pour cela les matériaux obtenus après 1, 2, 3 et 4 échanges ont été caractérisés aux différentes étapes de leur préparation.

Par ailleurs notre procédure de délamination, inspirée de celle précédemment définie par Corma et *al.* (Corma et *al.* 2000 et 2001) pour la préparation des ITQ-2 et ITQ-6, fait appel non seulement à du C$_{16}$TMABr, dont le rôle est clairement établi (gonflement des phyllosilicates pour en éloigner les feuillets et ainsi rendre possible la perte de cohérence entre eux lors du traitement aux ultrasons) mais également à un autre réactif: le TPAOH dont le rôle est beaucoup moins clair. Roth et *al.* (Roth et *al.* 2002) ont étudié l'effet de cet additif sur la délamination de MCM-22 et ont conclu que le TPAOH intervenait dans l'étape de gonflement: les groupements OH$^-$ rendraient possible la séparation des feuillets de phyllosilicates en supprimant les interactions par liaisons hydrogène fortes qui les maintenaient solidaires, et ce suite à une simple déprotonation des silanols responsables de ces liaisons hydrogène. L'effet de l'additif serait donc essentiellement dû à sa basicité, c'est à dire à l'ion OH$^-$. Le cation TPA$^+$ quant à lui n'interviendrait donc pas directement dans le mécanisme de délamination ; simplement, le choix de ce contre-ion « encombrant » éviterait une compétition avec le $C_{16}TMA^+$ dans la réaction d'échange ionique et favorisait ainsi indirectement le gonflement.

Cette explication ne peut toutefois pas être transposée directement au cas de la magadiite et de la kényaite puisque pour ces matériaux le gonflement par $C_{16}TMA^+$ s'effectue tout aussi bien en l'absence qu'en présence de TPAOH (cf. Chapitre II).

Pour mieux comprendre le rôle du TPAOH dans la délamination des phyllosilicates, mais également pour essayer de le remplacer par d'autres réactifs moins coûteux, nous avons tenté de lui substituer différents additifs, et les surfaces spécifiques des différents matériaux ainsi obtenus ont été comparées après délamination-lyophilisation-calcination. Enfin, d'autres paramètres agissants sur les caractéristiques du support délaminé (tels que le mode de conditions de synthèse, le choix de séchage et la quantité de pyllosilicate du départ) seront également discutés.

II. Effet du nombre de gonflements

La magadiite a été soumise à un nombre variable de gonflements successifs, variant de 1 à 4. La suspension obtenue après chaque gonflement a été lavée et séchée, afin d'éliminer les cations surnuméraires présents dans la solution. Les échantillons gonflés lavés et séchés sont dénotés Mag-x-G (où **x** est le *nombre de gonflements* et **G** est l'abréviation du mot *Gonflée*). Un lavage et un séchage des différents échantillons gonflés ont été exécutés entre chaque étape de gonflement.

II.1. Evolution de la DRX des produits gonflés

Les diagrammes de diffraction des rayon-X des échantillons Mag-x-G (x=0,1,2,3,4) sont présentés par la figure V.1. Après le premier gonflement la distance interréticulaire augmente de 15,6 Å à 32,2 Å, comme le montre la présence des pics à 2,8 et 5,7° (2θ), qui peuvent être attribués aux réflexions (001) et (002) de la phase gonflée, et la disparition du pic (001) de la Na-magadiite et de ses ordres supérieurs (d_{001}=15,4Å, d_{002}=7,9 Å, d_{003}=5,2Å).

Les bandes (hkl, h≠0 et/ou k≠0) observées sur le spectre DRX entre 2θ=20 et 30° ont subi un élargissement mais restent clairement visibles.

Le spectre DRX de la magadiite gonflée n'est que peu modifié après les cycles de gonflement-lavage-séchage ultérieurs, et en particulier, les positions des réflexions (001) ne sont pas modifiées.

On observe toutefois une augmentation de l'intensité des raies (001) de la magadiite gonflée avec le nombre de gonflements.

Roth et al. (Roth et *al.* 2002) ont montré que la diffraction des rayons X est un outil de choix pour mettre en évidence l'étendue du gonflement de la phase lamellaire et la présence éventuelle de magadiite non gonflée. D'après eux, le gonflement donne lieu à trois types de modifications du diffractogramme X en fonction des valeurs hkl:

(i)   les réflexions (001) de la magadiite initiale sont remplacées par celles de la magadiite gonflée et apparaissent donc à des angles beaucoup plus bas

(ii)   les réflexions (hk0) qui caractérisent l'ordre interne des feuillets ne sont pas modifiées

(iii)   les réflexions (hkl) générales (h ou k ≠0 et l≠0) sont déplacées vers des valeurs de 2θ plus basses, sont élargies ou disparaissent complètement.

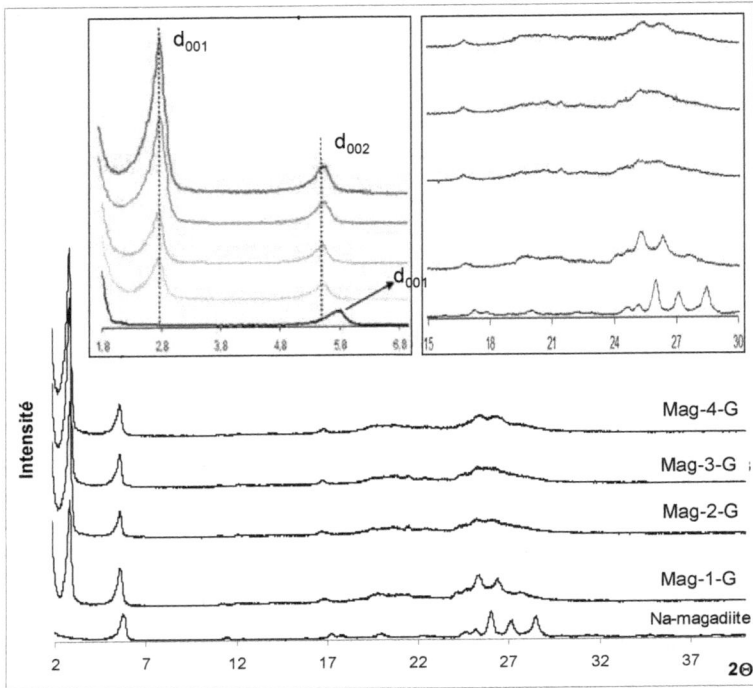

Figure V.1: *Spectres DRX des différents échantillons de magadiite gonflées montrant l'augmentation de l'intensité de la réflexion 001 avec l'augmentation du nombre de gonflement avec le $C_{16}TMA^+$.*

Ces auteurs insistent notamment sur le fait qu'il est risqué, si l'on veut évaluer le degré de gonflement d'une phase lamellaire, de se limiter à l'examen des raies (001), parce que leurs intensités sont sensibles à de nombreux autres facteurs tels que la quantité d'eau résiduelle, l'existence d'orientations préférentielles et la taille des particules. Dans le cas de la magadiite et étant donné l'absence de réflexions (hk0) d'intensité suffisante (voir diffractogramme de la figure II.2 du chapitre II), le phénomène le plus significatif sera l'élargissement voire la disparition des réflexions (hkl).

On observe effectivement que ces réflexions s'élargissent déjà au premier gonflement, tout en restant individuellement identifiables, et sont pratiquement confondues en une bande large à partir du second gonflement. Au-delà, plus aucune évolution n'est perceptible.

II.2. Analyse chimique

Les résultats des analyses chimiques de Na^+ dans les échantillons gonflés sont reportés dans le tableau V.1. La quantité de sodium présente dans la Na-magadiite de départ est en accord avec sa formule chimique généralement admise ($Na_2O.14SiO_2.10H_2O$; voir le chapitre III pour une discussion plus précise). Dès le premier gonflement, la quasi totalité des ions Na^+ (>99%) ont été remplacés par des $C_{16}TMA^+$ et aucune modification significative de la quantité de sodium résiduelle n'est observée par la suite.

Echantillon	Distance basale d(Å)		Expansion Δd (Å)	Quantité de sodium (%)
	d_{001}	d_{002}		
Na-Magadiite	15,5	-	-	4,25
Mag-1-G	32,1	16,0	16,1	0,03
Mag-2-G	32,2	15,5	16,7	0,04
Mag-3-G	31,1	15,8	15,3	0,03
Mag-4-G	31,7	15,8	15,9	0,08

Tableau V.1: Analyses chimiques et paramètres (00l) des échantillons de $C_{16}TMA$-magadiite successivement gonflés.

II.3. Etude thermogravimétrique

La comparaison des thermogrammes des échantillons obtenus après 1, 2, 3 ou 4 gonflements ne montre pas de changement significatif dans l'allure générale des courbes (figure V.2). En particulier la perte de masse qui peut être attribuée à la décomposition du $C_{16}TMA$ (entre 200 et 400°C) ne suit pas une variation monotone avec le nombre de gonflements (voir Tableau V.2) et les variations observées peuvent pour cette raison être attribuées aux incertitudes expérimentales et à la présence d'un peu de $C_{16}TMA$ en excès, précipité en dehors de l'espace interlamellaire sous forme de $C_{16}TMABr$, dans certains des échantillons.

Echantillon	Perte de masse (%) entre 200-400°C	Rapport $C_{16}TMA/Si$
Na-Magadiite	0,6	0,14
Mag-1-G	32,7	0,14
Mag-2-G	37	0,17
Mag-3-G	33,5	0,14
Mag-4-G	32	0,11

Tableau V.2: *Pertes de masse et rapport $C_{16}TMA/Si$ calculé des différents échantillons successivement gonflés.*

On observe comme rapporté précédemment que le rapport molaire $C_{16}TMA/Si$ est voisin du rapport molaire Na^+/Si de la magadiite de départ, ce qui confirme un échange de 100% des cations Na^+ par les cations $C_{16}TMA^+$, quel que soit le nombre de greffages, ainsi que l'absence d'échange significatif des H^+ présents en compensation de charge entre les feuillets.

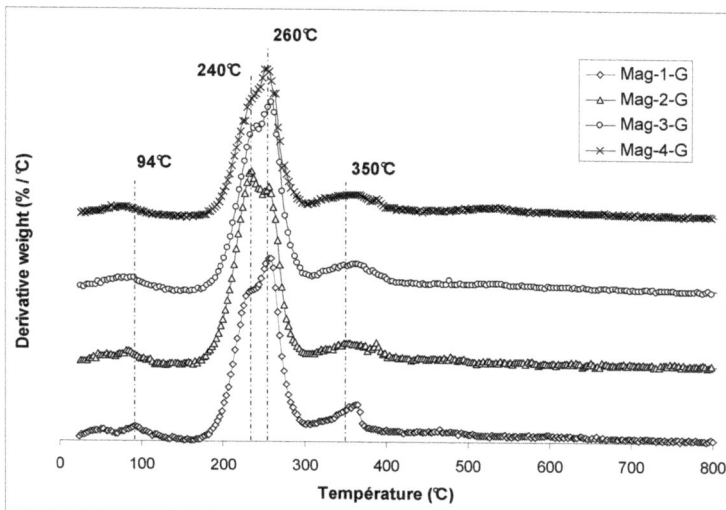

Figure V.2: *Courbes DTG des échantillons de magadiite gonflée après plusieurs gonflements.*

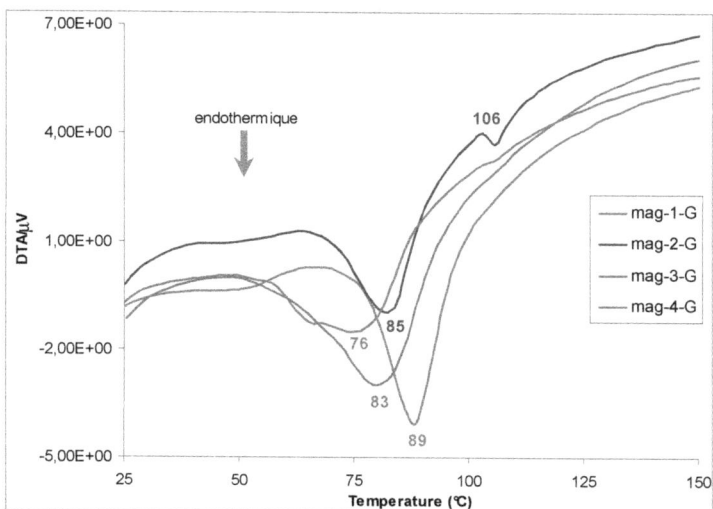

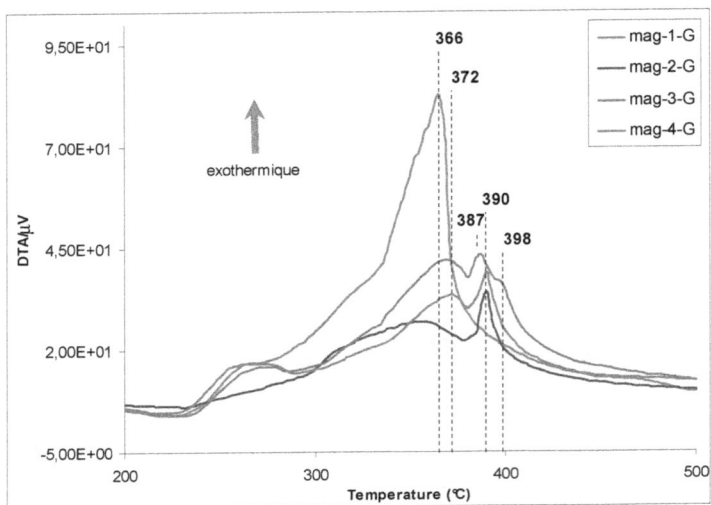

Figure V.3: *Courbes ATD (entre 25-150°C et entre 200-500°C) des échantillons de magadiite gonflée après plusieurs gonflements successifs.*

En ATD (figure V.3), l'endotherme dû à l'élimination de l'eau adsorbée tend à se déplacer vers des températures plus basses au fur et à mesure des gonflements successifs, indiquant un caractère de moins en moins hydrophile des matériaux obtenus ; toutefois, il n'y a pas de tendance claire en ce qui concerne l'intensité de ce pic. Patarin et coll. (Sassi et *al.* 2005) ont tenté de mettre en évidence un lien entre la température de ces endothermes et l'espace interfoliaire des magadiites modifiées ; mais, comme il a été dit plus haut, aucune tendance claire ne se manifeste pour l'évolution de la distance interfoliaire dans notre cas.

En ce qui concerne les pics exothermiques entre 350 et 400°C liés à l'étape finale d'élimination de la matière organique, l'échantillon gonflé une seule fois semble se distinguer assez nettement des autres. Lors des gonflements ultérieurs, le profil ATD n'évolue plus dans cette région.

II.2. Mesures de surface spécifique (BET)

Les matériaux obtenus après délamination des échantillons Mag-S-x ont été caractérisés par adsorption de N_2. Les surfaces spécifiques déterminées par le calcul BET sont reportées dans le tableau V.3, et les isothermes d'adsorption-désorption par la figure V.4. La surface initiale de la magadiite est très petite ($24m^2.g^{-1}$), et l'isotherme est typique d'un matériau non poreux, comme il a été dit précédemment. Cette surface augmente après le premier gonflement et continue à augmenter quasi linéairement avec les gonflements suivants : il y a donc une évolution continuelle de ce paramètre au cours des gonflements successifs, alors que les autres techniques semblaient indiquer un nivellement au plus tard lors du second traitement.

Echantillon	Nombre du gonflement avec le $C_{16}TMA^+$	Surface (m^2/g)
	Série (a)	
Mg-1-G	1	164
Mg-2-G	2	266
Mg-3-G	3	503
	Série (b)	
Mg-1-G	1	164
Mg-2-G	2	288
Mg-3-G	3	404
Mg-4-G	4	530

Tableau V.3: Variation de la surface spécifique de la magadiite délaminée, calcinée, en fonction du nombre de gonflement effectué.

Il faut rappeler que la surface maximale théorique que peut développer une magadiite après délamination de ses feuillets est de 720 m^2.g^{-1} environ (voir chapitre III page 64).

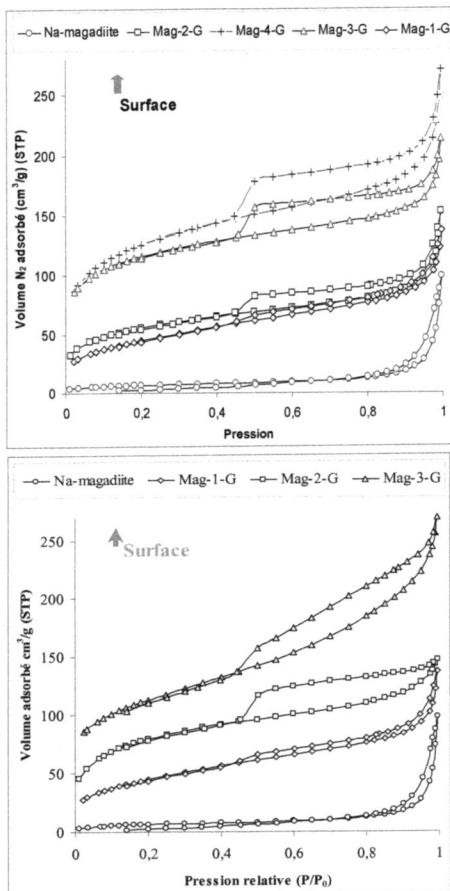

Figure V.4: *Isothermes d'adsorption et de désorption d'azote à 77K d'échantillons de magadiite délaminées calcinées issus de plusieurs gonflements successifs. Série (b) à gauche et série (a) à droite.*

Cependant, la surface expérimentale d'une magadiite délaminée calcinée issue de 4 gonflements successifs, et qui est de l'ordre de (500-600 $m^2.g^{-1}$) n'est pas loin de celle trouvée théoriquement. Bien que, la valeur maximale ne soit jamais atteinte. Cette différence peut signifier que certains feuillets sont restés collés entre eux. Rappelons également que les valeurs d'épaisseur des feuillets de la magadiite et de la kenyaite (nécessaires au calcul de la surface maximale) ne sont pas connues et ont donc dû être évaluées. Cette valeur n'est donc qu'approximative.

Afin de confirmer ce résultat, deux séries d'expériences ont été effectuées, nommées série (a) et série (b). La tendance est clairement la même sur les deux séries.

II.3. Caractérisation par RMN ^{13}C

II.3.a. Interprétation générale des spectres

Le spectre RMN-MAS du ^{13}C des échantillons de magadiite gonflés au $C_{16}TMABr$ présentent un certain nombre de pics fins (Figure V.5), assez semblables à ceux qui ont été observés par Simonutti et *al.*, pour $C_{16}TMA^+$ interagissant avec une matrice MCM41 (Simonutti et *al.* 2001), ou par Kooli et *al.*, pour $C_{16}TMA^+$ adsorbé dans l'espace interlamellaire d'argiles gonflées (Kooli et *al.* 2005).

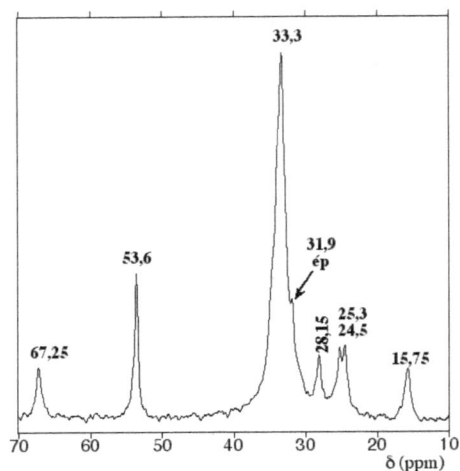

Figure V.5: *Spectre RMN-MAS du ^{13}C (ω_{rot} = 12 kHz) d'un échantillon C_{16}TMA-Magadiite (1gonflement).*

Déplacement chimique δ (ppm)	Attribution
+ 67,25	méthylène **2**
+53,6	méthyls **1**
+33,3	méthylènes centraux
+31,9 (épaulement)	
+28,15	méthylène **3**
+25,3	méthylènes **4** et **16**
+24,5	
+15,75	méthyl **17**

Tableau V.4: *Différents déplacements chimiques et leur attribution dans une C_{16}TMA-Magadiite, (1gonflement).*

146

On peut proposer les attributions suivantes, par analogie avec les spectres RMN de C_{16}TMABr solide (Simonutti et *al.* 2001), ou avec ceux d'une solution aqueuse de C_{16}TMA$^+$ (Bovey et *al.* 1996).

Dans le tableau V.4, l'attribution se fait sur la base de la numérotation des carbones suivants :

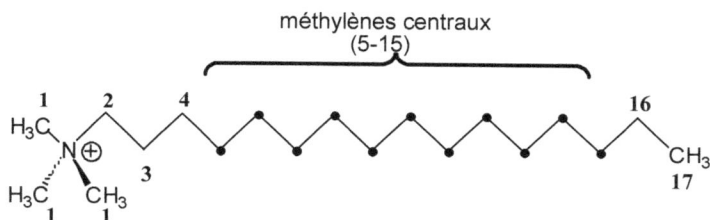

Par rapport au spectre de C_{16}TMA/MCM41, on note les différences suivantes pour C_{16}TMA/magadiite:

- le méthylène en C15 ne donne pas lieu dans nos échantillons à un signal séparé des autres méthylènes centraux ; cela n'est pas dû à une moins bonne résolution de l'expérience, comme en témoigne a contrario la résolution des méthylènes C4 et C16 ;

1. les signaux des méthylènes C2, C3 et C4 sont beaucoup plus fins dans le spectre de C_{16}TMA/magadiite que dans C_{16}TMA/MCM41. Simonutti et *al.* ont attribué l'élargissement de ces signaux dans C_{16}TMA/MCM41 à une restriction de la mobilité de l'extrémité polaire de la chaîne, due à une immobilisation de l'ammonium par interaction spécifique avec des sites de la surface silicique[*]. Si nous suivons ces auteurs, il faudrait en conclure qu'une telle interaction

---

[*] En effet, ces carbones interagissent avec le noyau quadripolaire ^{14}N, interaction qui n'est pas moyennée par la rotation à l'angle magique.

n'existe pas dans C_{16}TMA/magadiite, et que l'extrémité polaire des chaînes y reste mobile.

II.3.b. Evolution au cours des gonflements successifs

Les spectres d'échantillons de magadiite ayant subi plusieurs étapes successives de gonflements (notés Mag-2-G...Mag-5-G) restent de façon générale remarquablement similaires à celui de l'échantillon gonflé une seule fois que nous venons de discuter.

Toutefois, des différences significatives sont observées dans deux régions précises :

i) *Méthyls du groupe ammonium (C1)* :

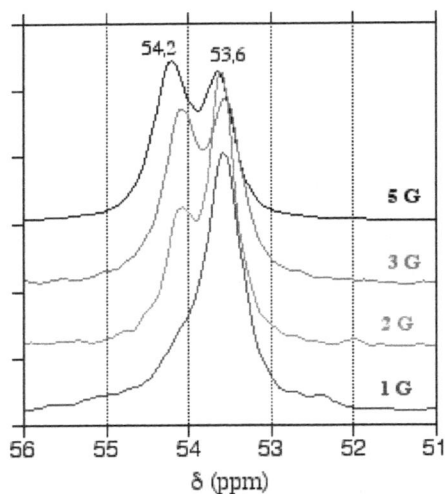

Figure V.6: *Spectre RMN-MAS du ^{13}C (ω_{rot} = 12 kHz) des différents échantillons C_{16}TMA-Magadiite gonflés, montrant l'évolution dans la gamme de déplacements chimiques des méthyles du groupe ammonium avec la variation du nombre de gonflement.*

Le signal à + 53,6 ppm, largement prédominant après le premier gonflement, voit ensuite son intensité relative diminuer régulièrement au profit d'une composante centrée à +54,2 ppm (figure V.6). Il semble peu probable que ces deux composantes soient dues à une non-équivalence des groupes méthyles d'un même ammonium, car cela supposerait que la « tête » ammonium est immobile à l'échelle de temps de la RMN, conclusion peu compatible avec la finesse des signaux observés (cf., supra). Ce serait donc la « tête » ammonium dans son ensemble qui échantillonne deux environnements chimiques différents, dont l'un est progressivement créé au cours des gonflements successifs. Notons que cette évolution est progressive et se poursuit au-delà du second gonflement, comme celle de la surface spécifique.

ii) *Méthylènes centraux (C5 à C15)* :

Le signal observé entre 30 et 34 ppm, attribué aux méthylènes centraux, est composite et pourrait être soumis à une analyse plus fine.

La figure V.7 montre l'évolution de ce signal au cours de gonflements successifs. La position du pic principal, à +33,3 ppm, est caractéristique de chaînes où les méthylènes sont en conformation *trans*. L'existence de signaux vers +31 ppm est généralement attribuée à l'apparition de configurations *gauches* (Simonutti et *al.* 2001) (Kooli et *al.* 2005). Curieusement, un signal à +30,75 ppm, initialement absent, apparaît de façon transitoire dans les échantillons Mag-2-G et Mag-3-G, puis disparaît à nouveau dans Mag-5-G. Il serait souhaitable de confirmer cette tendance qui pourrait indiquer une réorganisation progressive des chaînes alkyles dans l'espace interlamellaire.

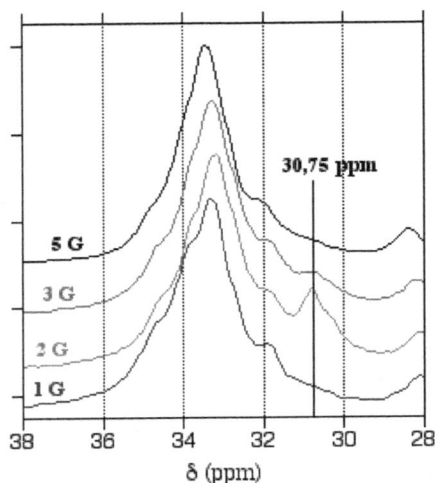

Figure V.7: *Spectre RMN-MAS du ^{13}C (ω_{rot} = 12 kHz) des différents échantillons $C_{16}TMA$-Magadiite gonflés, montrant les signaux des méthylènes centraux.*

Dans l'ensemble, la RMN du ^{13}C apparaît comme une technique prometteuse pour suivre notamment l'organisation des chaînes de surfactant dans l'espace interlamellaire, mais elle ne permet pas encore une explication simple de l'effet des gonflements successifs.

II.4. Discussion-Conclusion

Cette étude met clairement et de manière reproductible en évidence une influence forte du nombre de gonflements sur la surface développée par le matériau délaminé. L'importance pratique de cette conclusion pour les applications, notamment catalytique, est évidente. Les raisons fondamentales de cette évolution le sont beaucoup moins, et le mécanisme moléculaire du processus de délamination ne peut être considéré comme complètement élucidé à l'heure actuelle.

Compte tenu de l'effet manifeste du nombre de gonflements sur les propriétés finales du matériau, on aurait pu s'attendre à ce que les échantillons Mag-x-G présentent entre eux des différences significatives.

Plusieurs hypothèses peuvent être envisagées pour justifier de cet effet. La plus simple est évidemment un échange incomplet des cations sodium par les cations $C_{16}TMA^+$ après le premier gonflement (équilibre d'échange cationique trop peu déplacé vers le $C_{16}TMA^+$), l'échange total nécessitant donc plusieurs gonflements successifs. Les données d'analyse élémentaire permettent d'exclure cette hypothèse : un seul échange par $C_{16}TMA^+$ est suffisant pour échanger la quasi totalité des ions compensateurs Na^+.

Nous avons par ailleurs vérifié que l'effet des gonflements successifs n'était pas en fait simplement lié à un temps de contact prolongé entre le $C_{16}TMA^+$ et la magadiite. Pour cela un gonflement unique a été effectué pendant 3×16h (le TPAOH n'étant ajouté que pendant les dernières 16h). La surface développée par le matériau délaminé obtenu après cette procédure de gonflement était de l'ordre de 150 $m^2.g^{-1}$, c'est-à-dire une valeur voisine de celle observée après un gonflement unique de 16h. Cette observation permet d'éliminer un certain nombre de pistes, par exemple celle d'une hydrolyse lente de la structure des feuillets sous l'effet de la solution de gonflement.

En fait, les seules différences mises en évidence entre les échantillons de la série Mag-x-G par les techniques de caractérisation dont nous disposons semblent assez marginales.

Ainsi, les pics de diffraction (hkl) (h ou k ≠0 et l≠0) s'élargissent déjà au premier gonflement, tout en restant individuellement identifiables, et sont pratiquement confondues en une bande large à partir du second gonflement. Au-delà, plus aucune évolution n'est perceptible. Cette modification n'est pas attribuable à une perte de structure locale des feuillets comme le montre la RMN du ^{29}Si ; nous pouvons conclure qu'elle traduit plutôt, en accord avec le travail de Roth et *al*, une perte de cohérence entre les feuillets (ordre turbostratique).

La RMN de ^{13}C semble indiquer que l'organisation des chaînes alkyles du surfactant évolue au cours des gonflements successifs. Il serait en effet logique, si l'orientation respective des feuillets de silicate se modifie, que la couche de surfactant intercalée entre deux feuillets soit également réorganisée. Toutefois, il s'agit d'une question complexe qui nécessiterait une étude RMN beaucoup plus poussée. Tout au plus peut-on dire à ce stade que l'évolution de la RMN est compatible avec l'hypothèse d'une désorientation progressive des feuillets.

III. Rôle du TPAOH

III.1. Nature de l'additif ajouté en fin de gonflement

Comme expliqué plus haut, une série d'essais ont été réalisés en remplaçant l'additif TPAOH, ajouté après le gonflement, par d'autres substances.

III.1.a. Mesures de surface spécifique

La Figure V.8 montre les surfaces spécifiques des supports délaminés calcinés en fonction de la nature de l'additif. Les surfaces obtenues dépendent fortement de la nature de l'additif. La surface specifique des supports délaminés calcinés augmente progressivement dans l'ordre suivant : $S_{support}$ (H_2O) < $S_{support}$ (TPACl) < $S_{support}$ (TPABr) < $S_{support}$ (PA) < $S_{support}$ (TMAOH) < $S_{support}$ (TEAOH) < $S_{support}$ (TPAOH) < $S_{support}$ (TBAOH). Pour mieux comprendre les rôles respectifs de la fonction alkyle ammonium et de la fonction hydroxyde on peut considérer les deux séries suivantes : la série TMAOH, TEAOH, TPAOH et TBAOH permet d'étudier l'effet éventuel de la fonction alkyle de l'alkylammonium, alors que la série TPACl, TPABr et TPAOH permet de mettre en évidence l'influence éventuelle de l'ion hydroxyde.

L'effet le plus net est observé pour la deuxième série puisque la surface développée lorsque le TPACl ou le TPABr sont utilisés comme additifs est identique à celle obtenue en l'absence de tout additif. On peut également noter que lorsqu'une base organique faible est utilisée (propylamine PA, faiblement hydrolysée en solution en $PAH^+ + OH^-$), la surface développée n'est que légèrement supérieure à celle obtenue en l'absence d'additif. L'ion hydroxyde joue donc un rôle essentiel.

A l'opposé, tous les échantillons de la première série présentent des surfaces spécifiques importantes, avec cependant un effet clair de la longueur de la chaine alkyle sur la surface développée, puisque l'on observe une augmentation progressive (de 350 à 460 $m^2.g^{-1}$) en allant du TMAOH au TBAOH). A noter que Roth et Vartuli (Roth et *al.* 2002) ont observé un effet de même sens, mais beaucoup plus prononcé, pour la délamination de MCM-22 : seul l'additif TPAOH permettait un gonflement (et par conséquent une délamination) efficace, à l'exclusion de TMAOH et TEAOH.

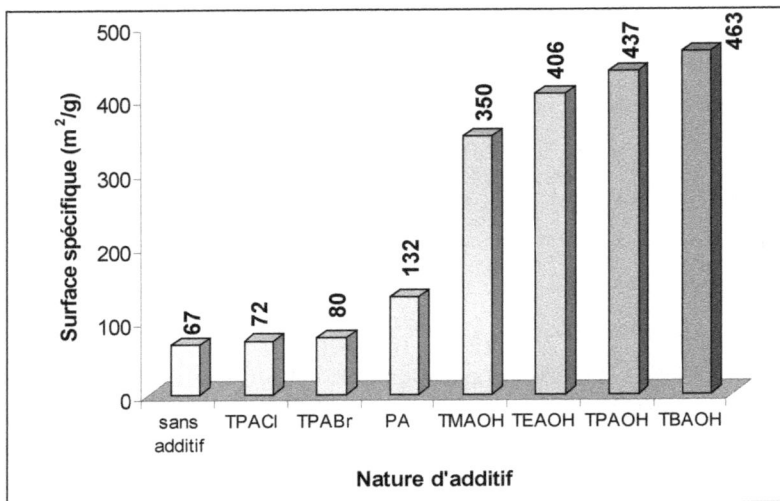

Figure V.8: *Variation de la surface spécifique de la magadiite délaminée calcinée en fonction de l'additif utilisé.*

III.2. Effet de la durée du traitement en présence de TPAOH

Le TPAOH est parmi les additifs qui permettent d'obtenir, après délamination et calcination, une surface spécifique élevée. Nous l'avons donc choisi pour étudier l'effet de la durée du traitement en solution avant délamination (Figure V.9). Les résultats mettent en évidence le rôle majeur de la durée du traitement avec le TPAOH. En effet la surface développée augmente progressivement entre 4 et 16h et diminue ensuite, jusqu'à avoisiner 0 (5 $m^2.g^{-1}$) pour une durée de traitement de 48 h. 16 h correspond donc bien à une durée optimale.

L'impact négatif du TPAOH lors de traitement prolongé peut être attribué à une attaque basique des feuillets de silicates par les anions hydroxyde qui conduit, pour des temps longs à la formation de phase amorphe de surface spécifique quasi-nulle.

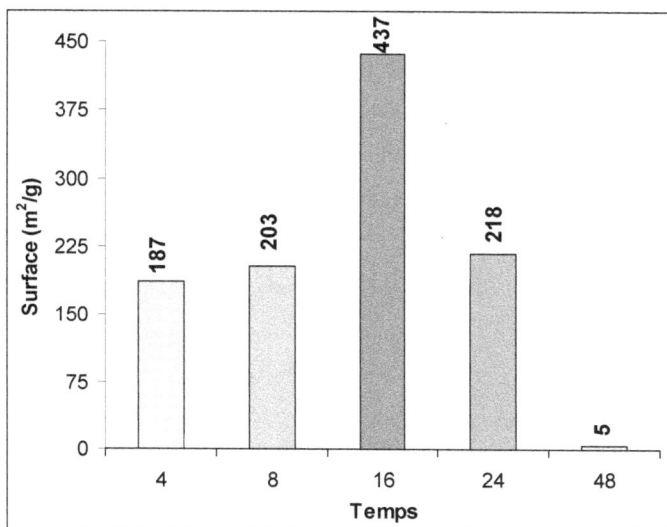

Figure V.9: *Effet du temps de séjour de l'additif TPAOH sur la surface du support magadiite délaminé calciné obtenu.*

III. 3. Discussion-Conclusion

Roth et *al.* ont étudié le rôle des additifs du type alkylammonium lors du gonflement et de la délamination du précurseur lamellaire MCM-22 qui conduit soit à la MCM-36 (Roth et *al.* 2002) (après gonflement et intercalation de piliers inorganiques), soit à l'ITQ-2 (Corma et *al.* 2001) (après gonflement et délamination). Ils ont conclu de leur étude que la fonction hydroxyde en augmentant le pH conduisait à la déprotonation des silanols. Cette déprotonation aurait pour conséquence une diminution de l'interaction entre les feuillets de silicates (liaison hydrogène forte), ce qui rendrait possible le gonflement puis la délamination du précurseur lamellaire du MCM-22. Par ailleurs, ces auteurs ont observé un effet de la longueur de la chaîne alkyl de l'alkylammonium utilisé, sur le gonflement du précurseur de zéolithe (plus la chaîne alkyle est longue, meilleur est le gonflement) et conclu que le rôle de l'alkylammonium devait être essentiellement spectateur, c'est-à-dire qu'il n'intervenait pas directement dans le processus de gonflement mais que les alkylammonium à chaîne courte pouvaient nuire au gonflement en concurrençant le $C_{16}TMA^+$ dans la réaction d'échange ionique.

Le cas de la magadiite est assez différent puisque que l'additif organique ne semble pas jouer un rôle lors de l'étape de gonflement : un gonflement complet peut être obtenu en l'absence d'additif (conduisant à un empilement turbostratique des feuillets (voir figure V.1) et l'ajout de l'additif ne modifie pas le diffractogramme X (figure V.10). Pour autant il n'est pas possible de se passer de cet additif (surface spécifique < 100 $m^2.g^{-1}$ en absence d'alkylammonium).

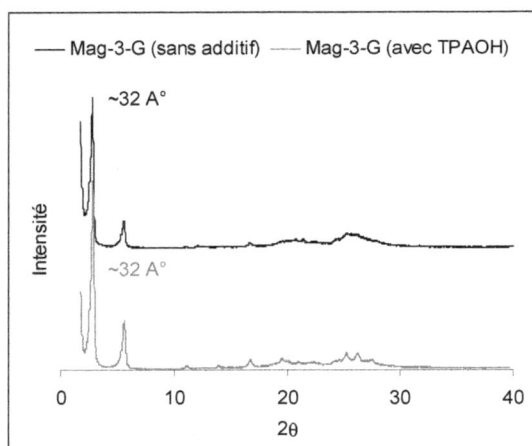

Figure V.10: *Diffractogramme des Rayons X de la magadiite gonflée 3 fois (Mag-3-G) sans additifs et celle gonflée en présence du l'additif TPAOH.*

L'étude que nous avons réalisée montre que les deux fonctions des alkylammonium interviennent (pas de délamination en l'absence d'OH⁻ et effet de la longueur de la chaîne alkyle sur la surface développée après délamination). On peut, pour chacune des fonctions des alkylammonium proposer plusieurs hypothèses quant à leur rôle lors du gonflement et/ou de la délamination.

Pour la fonction -OH-

Elle peut intervenir en attaquant les feuillets de silicates. Nous avons vu que cette attaque avait, pour des traitements prolongés un impact négatif sur la surface spécifique (amorphisation complètement les feuillets). On peut supposer que, pour des temps plus courts, cette attaque des feuillets ait un impact positif en favorisant leur rupture en feuillets de plus petite taille qui seront plus aisés à délaminés.

Elle peut également intervenir en favorisant, comme proposer par Roth et *al.* la déprotonation des silanols présents entre les feuillets. Cela ne jouerait pas sur la force de l'interaction entre les feuillets (puisque le gonflement de la magadiite peut être réalisé en absence d'alkylammonium), mais sur la quantité de $C_{16}TMA^+$ qui peut être insérée dans les feuillets (les silanols une fois déprotonés deviendraient des sites d'échange potentiels pour le $C_{16}TMA^+$).

L'attaque partielle des feuillets silicates après 16h de traitement en présence de TPAOH ne fait aucun doute puisque les photos de TEM montrent clairement que les bords des feuillets de matériaux délaminés sont érodés et que la RMN ^{29}Si a mis en évidence la présence de silicium Q^2. Il n'est par contre pas possible de prouver que cette hydrolyse partielle des feuillets est à l'origine de l'impact positif des hydroxydes sur la délamination. Par ailleurs la deuxième hypothèse est également difficile à vérifier. En effet le séchage par lyophilisation conduit à la cristallisation du $C_{16}TMA^+$ en excès, ce qui rend impossible la détermination du rapport molaire $C_{16}TMA^+/Si$ après cette étape.

Pour la fonction alkylammonium

On peut déjà noter qu'elle n'intervient qu'au "deuxième ordre". En effet aucune délamination n'est observée en absence de OH alors qu'en présence d'hydroxyde d'alkylammonium on observe une délamination non négligeable quelque soit la chaîne alkyle (la surface développée varie entre 350 et 460 $m^2.g^{-1}$). Il n'en reste pas moins que l'effet de la longueur des chaînes alkyle n'est pas négligeable puisque la surface après délamination progresse de 350 à 460 $m^2.g^{-1}$ quand la longueur des chaînes alkyles augmente de 1 à 4 carbones. Par ailleurs, il semble que les cations alkylammonium (TPA^+) ne soient pas insérés dans le produit délaminé, puisque les diffractogramme X des produits gonflés en présence ou en absence de TPAOH sont identiques (voir figure V.10) et des résultats préliminaires de RMN de ^{13}C ne montrent aucun pic qui leur soit attribuable.

Roth et *al.* avaient conclu que le groupement TPA^+ limitait, du fait de son encombrement important, les réactions d'échanges $C_{16}TMA^+/TPA^+$ défavorables au gonflement. Cette conclusion était en particulier étayée par le fait que l'utilisation de $C_{16}TMAOH$ ou d'un mélange $C_{16}TMABr$-TPAOH conduisait au même résultat. Une expérience similaire dans le cas de la magadiite devrait permettre de confirmer cette hypothèse.

La question nécessite certainement un supplément d'investigation. Celui-ci est d'autant plus justifié que le prix de l'additif TPAOH est élevé, représentant une barrière économique à l'utilisation industrielle de notre voie de synthèse : il est donc important de pouvoir optimiser cette étape.

IV. Autres paramètres agissants sur la surface finale de la magadiite délaminée

IV.1. Conditions de synthèse de la magadiite de départ

Les conditions de synthèse jouent un rôle indirect sur la procédure de délamination. Nous avons observé que la délamination d'une magadiite qui a subi une synthèse avec agitation est plus facile que celle d'une magadiite préparée sous conditions statiques (sans agitation). La taille des cristaux de magadiite sodiques synthétisées avec et sans agitation a été vérifiée et mise en évidence par la microscopie électronique (figure V.11).

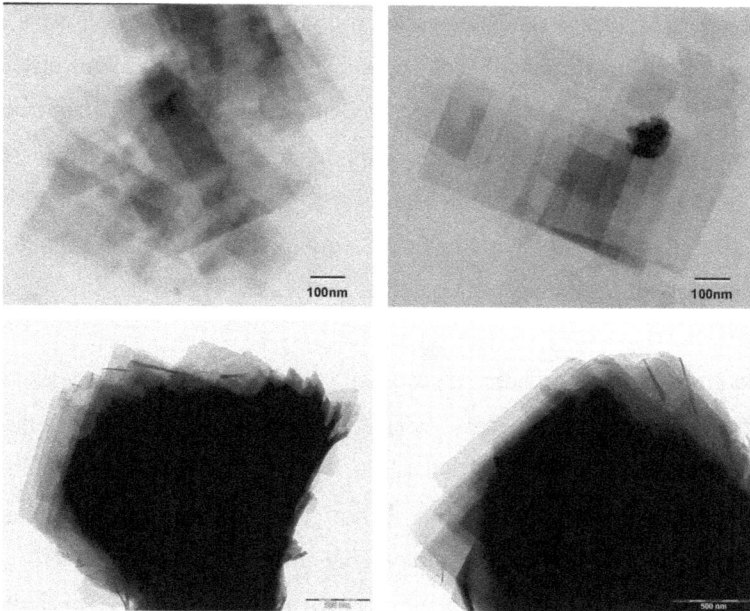

Figure V.11: Comparaison entre le nombre de feuillets par tactoide d'une magadiite synthétisée avec agitation (en haut) et celle synthétisée sous conditions statiques (en bas).

Les clichés de microscopie montrent que la taille du cristal varie entre 1 et 3μ pour les deux voies de synthèse, tandis que l'empilement des feuillets de la magadiite n'est pas le même pour les deux voies. En effet, il est clair que le nombre de feuillets par tactoïde est plus important dans le cas de la magadiite synthétisée sans agitation qu'après une synthèse avec agitation. En d'autres termes, la séparation complète des feuillets d'un tactoïde (délamination) sera plus facile dans le second cas.

IV.2. Choix du mode de séchage après l'étape de délamination

Pour la préparation des ITQ-2, ITQ-6 et ITQ-18, la méthode de séchage après l'étape de délamination proposée par l'équipe de Corma est une filtration sur fritté suivi d'un séchage. Cependant, nous avons observé que si de telles conditions de séchage sont appliquées après délamination de la magadiite, la surface spécifique du matériau obtenu après calcination est relativement faible (environ 150 $m^2.g^{-1}$). Ceci nous a conduit à utiliser un autre mode de séchage : la lyophilisation. L'utilité d'un tel mode de séchage a été démontrée par Occelli (Occelli et al. 1984) dans le cas des minéraux argileux.

Pour mieux comprendre l'influence du mode de séchage, les diffractogrammes X des échantillons délaminés après filtration et séchage à l'étuve et après lyophilisation (figure V.12). L'échantillon lyophilisé, comme il a déjà été dit, a perdu toute cohérence interfoliaire (diffractogramme c ; les seuls pics sont ceux de C_{16}TMABr) et reste amorphe après calcination (diffractogramme e). Au contraire, l'échantillon délaminé puis filtré et séché à température ambiante (diffractogramme b) montre des pics d_{001} et d_{002} aussi intenses que ceux de l'intercalat de départ, et un pic à 28,4 Å même après la calcination finale (diffractogramme d). La présence des pics d_{001} et d_{002} après filtration-séchage traduit un réarrangement, au moins partiel des feuillets de magadiite à cette étape.

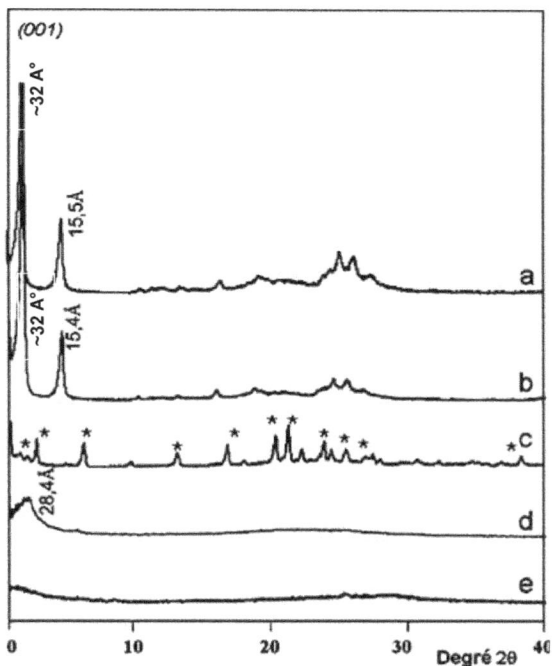

Figure V.12: *Evolution du spectre DRX de la magadiite délaminée séchée en fonction du mode de séchage: a) C_{16}TMA-magadiite b) magadiite délaminée filtrée c) magadiite délaminée lyophilisée d) échantillon -b-calciné e) échantillon -c- calciné. (*) C_{16}TMABr.*

Le produit final après calcination n'est donc que partiellement délaminé comme en témoigne sa relativement faible surface spécifique. En effet lors d'une filtration et d'un séchage classique séchage classique une phase liquide subsiste constamment, qui permet aux feuillets de se réarranger à nouveau pour former la structure thermodynamiquement la plus stable, c'est à dire une structure lamellaire ordonnée. Par contre, lors d'un séchage par lyophilisation, la congélation de la phase aqueuse, laquelle est alors éliminée par sublimation, permet de figer l'organisation des feuillets et évite ainsi ce réarrangement.

IV.3. *Effet de la quantité de phyllosilicate du départ (à délaminer)*

Il a été observé lors de notre travail que la surface spécifique du support délaminé calciné dépend aussi de la quantité de phyllosilicate à délaminer. En effet, tout au long de ce travail la masse de magadiite soumise à délamination en une seule fois a été de 1g, sauf dans la dernière partie de ce travail (chapitre VI), où la masse utilisée a été doublée (2g) afin d'obtenir des quantités plus importantes pour la synthèse des catalyseurs supportés. On a pu observer que la surface du support délaminé final (après calcination) a diminué d'une valeur de l'ordre de 100 $m^2.g^{-1}$ environ lors du passage à 2 g de magadiite.

Il est possible que ces problèmes de scale-up soient dus à la puissance limitée du bain à ultrasons utilisé pour la sonication des échantillons après gonflement, limitée à 35 Watt. Quoi qu'il en soit, ces résultats soulignent qu'il est indispensable de se préoccuper des aspects d'ingénierie lors de la préparation de catalyseurs à grande échelle.

V. Conclusion-comparaison avec le matériau UVL-1

Barea et *al.* (Barea et *al.* patent 2005) ont délaminé une magadiite en appliquant une procédure de délamination similaire à celle utilisée dans notre travail, pourtant leur support final, nommé (UVL-1), possède des caractéristiques très différentes du notre (voir Tableau V). Afin de comprendre cet écart entre les résultats, une comparaison a été réalisée entre les conditions expérimentales utilisées lors de ces deux études. Le tableau V.5 regroupe les paramètres qui peuvent être à l'origine de ces différences et les caractéristiques finales du support délaminé que nous avons obtenu et du support UVL-1.

Conditions expérimentales et propriétés de la magadiite délaminée	Barea et *al.* (brevet)	Notre travail
Synthèse Statique ou avec agitation	Statique	Les deux
Température de séchage de la magadiite	100	TA
Nombre de gonflement avec le $C_{16}TMA$	1	3
Mode de séchage après sonication	four	Lyophilisation
Cristallinité de la magadiite délaminée	Cristalline	Amorphe
Surface spécifique de la magadiite délaminée	230 $m^2.g^{-1}$	550 $m^2.g^{-1}$

Tableau V.5: *Comparaison entre notre travail et celui de Barea et al. concernant les paramètres influençant sur la procédure de délamination d'une part, et les caractéristiques du matériau final d'autre part.*

Comme nous l'avons détaillé dans le chapitre III (voir page 64), la surface maximale attendue après délamination de la magadiite est d'environ 720 $m^2.g^{-1}$. Le pourcentage de délamination pour notre support est donc d'environ 80% par rapport à 30-40% dans le cas du support UVL-1, indiquant une délamination partielle de la magadiite dans ce dernier cas. La cristallinité partielle d'UVL-1 (figure V.13) est aussi une indication claire d'une délamination incomplète. En effet, compte tenu de l'absence de réflexions (hk0) dans le diffractogramme des rayons-X de la magadiite (à l'exception d'une faible réflexion (020) à d=3,62Å), toutes les réflexions devraient soient disparaître, soit être considérablement élargies après délamination (Roth et *al.* 2002).

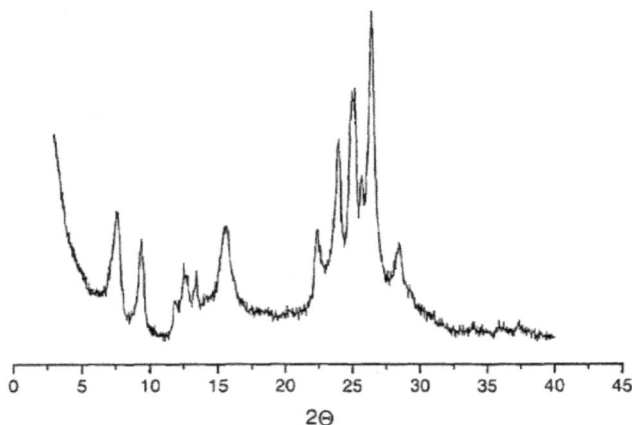

Figure V.13: Spectre DRX du matériau UVL-1 obtenu par Barea et al. après délamination d'une magadiite synthétique. Spectre tiré de Barea et al. patent 2005.

Les facteurs qui peuvent expliquer les différences dans le taux de délamination entre notre échantillon et le matériau UVL-1 peuvent être :

- les conditions de synthèse (statique ou sous agitation) de la magadiite de départ. En effet, nous avons observé que la magadiite synthétisée sous agitation est plus facile à délaminer que celle synthétisée sous des conditions statiques (due au nombre élevé des feuillets par tactoïde dans la magadiite synthétisée sans agitation).

- le nombre de gonflements. En effet, nous avons observé, sans pouvoir en déterminer complètement les raisons, que la surface spécifique du produit délaminé augmente avec le nombre de gonflement.

- le mode de séchage après délamination. En effet nous avons montré qu'une filtration suivie d'un séchage conduit à un matériau partiellement délaminé (présence des pics de diffraction (001) et (002) de la phase gonflée) du fait de la réorganisation des feuillets de magadiite en présence de la phase liquide résiduelle. Par contre le séchage par lyophilisation fige le système dans l'état dans lequel il est après le traitement aux ultrasons (absence des pics de diffraction (001) et (002) de la phase gonflée) et permet une délamination presque totale.

Références

Bovey F. A.; Mirau P. A., *NMR of Polymers*, Academic Press: San Diego, **1996**; p. 42.

Barea E., Bourges P., Guillon E., Euzen P., Fornes V. and Corma A. *In U.S. Pat. Appl. Publ.*; (Institut Francais Du Petrole, Fr.) Us, **2005**, p 14 pp.

Corma A., Fornés V. and Diaz U., *Chem. Commun,* **2001**, 2642.

Corma A., Fornés V., Guil J.M., Pergher S.,. Maesen Th.L.M, Buglass J.G., *Micro. and Meso. Mater.*, **2000**, 38, 301.

Kooli F., Khimyak Y. Z., Alshahateet S. F., and Chen F., *Langmuir*, **2005**, 21, 8717.

Occelli M. L., Landau S. D., and Pinnavaia, Th. J., *J. Catal.*, 90, **1984**, 256.

Roth W. J. and Vartuli J. C., *Studies in Surface Science and Catalysis*, 141, **2002**, 273.

Sassi M., Miehé-Brendlé J., Patarin J. et Bengueddach A., *Clay Miner.*, **2005**, 40, 369.

Simonutt R.i, Comotti A., Bracco S., and Sozzani P., Chem. Mater. **2001**, 13, 771.

Chapitre VI

"Préparation des catalyseurs MoS$_2$ supportés sur phyllosilicates délaminés et leur activité en HDS"

I. Introduction

Dans ce chapitre, les matériaux issus de la délamination de la magadiite et de la kényaite et dont nous avons déjà testé l'acidité, nous serviront comme nouveaux supports catalytiques pour l'élaboration des catalyseurs d'hydrodésulfuration (HDS). La phase active choisie est le sulfure de molybdène. Le mélange mécanique de l'oxyde molybdène avec les supports suivi d'une activation thermique a été utilisé pour déposer le molybdène sur nos supports. Une étape de sulfuration ultérieure (voir Chapitre II) permet l'obtention du sulfure de molybdène supporté. Enfin, les propriétés catalytiques des catalyseurs obtenus (Mo-support délaminé) sont examinées en hydrodésulfuration du thiophène, un test classique pour les catalyseurs de d'hydrotraitement.

Dans un premier temps, nous décrirons le protocole de dépôt du molybdène (mélange mécanique suivi d'un traitement thermique) sur nos supports (avec différents rapports Si/Al) et d'autres supports modèles tel que la silice (Grace-Davison *SP-550-10019*) et la silice-alumine (Grace-Davison *SMR-5-8710-0102*) et dont les surfaces spécifiques sont voisines ($\cong 500 m^2.g^{-1}$) de celles de nos supports délaminés ($400\text{-}600 m^2; g^{-1}$). Ensuite nous caractériserons la dispersion de la phase oxyde (DRX) et sulfure (MET) ainsi que les modifications apportées aux caractéristiques texturales du support par le dépôt de Mo (physisorption). Par la suite, l'adsorption de CO sera utilisée pour caractériser les CUS (coordinatively Unsaturated Sites) aussi bien en terme de nombre de sites, qu'en terme de nature de site (modification éventuelle de leurs propriétés électroniques par l'acidité du support). Enfin nous comparerons l'activité catalytique de nos catalyseurs à celles des catalyseurs de référence en HDS du thiophène.

II. Composition des catalyseurs Mo supportés

Le molybdène a été déposé par mélange mécanique de MoO_3 avec le support suivi d'un traitement thermique à 500°C (voir chapitre II). Les analyses élémentaires des différents catalyseurs ainsi préparés sont listées dans le Tableau 1 ainsi que le recouvrement de surface (en $\mu mol.m^{-2}$ et en atomes $Mo.nm^{-2}$) correspondant à chaque cas.

Support	Catalyseur	% (pds) Mo théorique	% (pds) Mo (analyse chimique) Etat sulfure	Concentration de surface en Mo $\mu mol. m^{-2}$	Concentration de surface en Mo atomes $Mo.nm^{-2}$
SiO_2	Mo/SiO_2	6,5	6,5	1,28	2,12
ASA	Mo/ASA	6,5	6,4	1,49	2,48
Magdel30	Mo/Magdel30	6,5	5,9	0,97	1,61
Magdel45	Mo/Magdel45	2,9	2,7	0,74	1,23
Magdel	Mo/Magdel	4,7	4,5	0,98	1,63

Tableau VI.1: Composition chimique des différents catalyseurs préparés par mélange mécanique, SiO₂=Silice Grace-Davison, ASA (Amorphous Silica Alumina)=silice-alumine Grace-Davison [Si/Al=5,7]); Magdel30= Al-magadiite délaminée calcinée, Si/Al=30; Magdel= magadiite silicique délaminée calcinée ; Magdel45= Al-magadiite délaminée calcinée, Si/Al=45.

Les différences de teneur en molybdène mesurées entre les échantillons oxydés et sulfurés ne suivent aucune tendance claire et sont sans doute attribuables à l'imprécision de l'analyse. Les teneurs expérimentales sont très proche aux teneurs théoriquement attendues. Par la suite, nous nous référerons aux valeurs moyennes entre la forme oxydée et la forme sulfurée. Les teneurs en molybdène par unité de surface exposée varient de moins d'un facteur 2 sur la série de catalyseurs. Comme nous le verrons dans la suite du chapitre, la quantité de Mo a due être réduite pour certains supports du fait d'une diminution trop importante de la surface spécifique pour des teneurs en molybdène élevées.

III. Caractérisation structurale et texturale

III.1. DRX : évolution de la phase MoO_3 initialement introduite

Une optimisation de la teneur en Mo, reportée en annexe, a été effectuée sur les deux échantillons de référence (silice Grace et silice-alumine ASA). Elle a permis de montrer que, sur ces supports et pour une teneur de 7 % en Mo, tout l'oxyde de molybdène initialement introduit pouvait être complètement dispersé après calcination (absence des pics de diffraction de la phase MoO_3) (voir annexe). Cette optimisation n'a par contre pas été effectuée sur les matériaux délaminés pour limiter la consommation de ces supports, dont la préparation est très longue; on peut supposer qu'en première approximation la densité maximale en espèces molybdiques dispersées par unité de surface sera comparable sur deux supports de même composition chimique.

Des teneurs inférieures ou égales à 7%, ont été utilisées pour la préparation d'échantillons supportés sur supports délaminés dont les diffractogrammes avant et après calcination sont montrés sur la figure VI.1. L'absence des pics de diffraction de la phase MoO_3 après calcination confirme que ces teneurs conviennent également pour la préparation d'échantillons supportés sur supports délaminés.

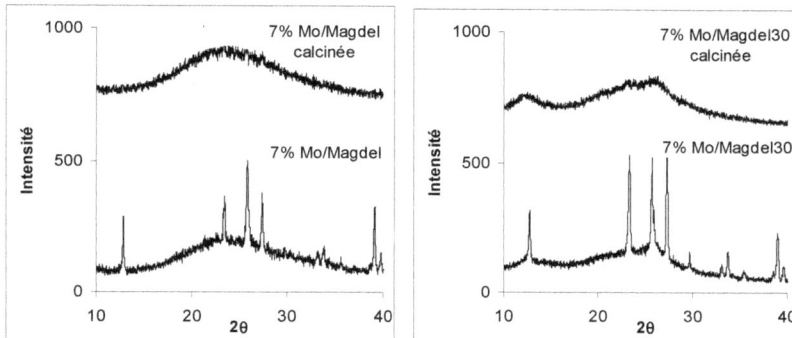

Figure VI.1: *Diffractogrammes des rayons X des échantillons Mo/Magdel30 et Mo/Magdel préparés par mélanges mécanique à différentes teneurs en Molybdène avant et après calcination.*

III.2. Physisorption de l'azote : surface spécifique et porosité

La physisorption de l'azote a été effectuée sur les catalyseurs préparés avec des teneurs de Mo variables, traités à 500°C sous air, afin d'observer l'influence de la déposition du métal sur les propriétés texturales des supports utilisés.

Le tableau VI.2 montre les différentes propriétés des principaux catalyseurs synthétisés.

Il faut noter au passage que la surface des supports Magdel et Magdel45 préparés dans cette partie du travail ($\sim$400-500m^{2}g^{-1}) est inférieure (de 100-200 m^2.g^{-1}) à celle trouvée dans le chapitre III. Cette diminution de la valeur de la surface est due à l'utilisation de 2g de magadiite de départ (à délaminer) au lieu d'1g (voir page 118, *§ effet de la quantité de phyllosilicate de départ*).

Support	Catalyseur	Teneur en Mo (% pds.)	S_{BET} (m².g⁻¹)	Perte de surface Totale (%)	$V_{mésoporeux}$ (cm³.g⁻¹)		$\varnothing_{Pores}$ (Å)	
SiO₂	Mo/SiO₂	6,5	487	343	29	0,81	0,67	72	76
ASA	Mo/ASA	6,4	466	351	24	0,67	0,55	57	57
Magdel30	Mo/Magdel30	5,9	646	375	41	0,64	0,52	49	52
Magdel45	Mo/Magdel45	2,7	382	160	58	0,53	0,50	52	51
Magdel	Mo/Magdel	4,5	464	150	67	0,27	0,22	47	47

Tableau VI.2: *Différents paramètres texturaux du support seul (à gauche) et du catalyseur obtenus par adsorption de N₂ (à droite).*

L'allure des isothermes de physisorption de N_2 des catalyseurs au Mo supporté est très similaire à celle des supports (figure VI.2) et reste celle d'un solide mésoporeux. Il n'y a donc pas d'effondrement global ou de colmatage complet de la porosité.

Le dépôt du molybdène provoque toutefois des modifications des propriétés texturales pour tous les supports utilisés. La diminution de la surface BET est plus accentuée pour les catalyseurs préparés avec nos supports délaminés (Mo/Magdel et Mo/Al-mag45del) que pour ceux préparés avec les supports de référence (Mo/SiO₂ et Mo/ASA). Le volume mésoporeux a lui aussi nettement diminué, tandis que le diamètre des pores ($\varnothing_{pores}$) reste quasiment inchangé. Les supports délaminés s'avèrent plus « sensibles » au dépôt du molybdène que les supports de référence avec une perte de surface spécifique allant jusqu'à 67 % de la valeur initiale.

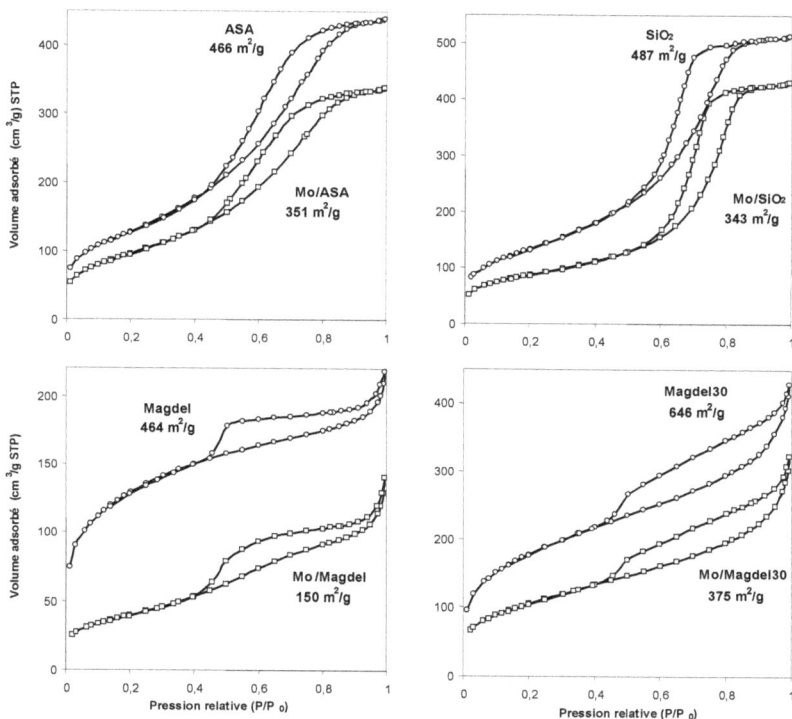

Figure VI.2: *Comparaison entre les isothermes de physisorption des catalyseurs synthétisés et ceux des supports correspondants : Mo/ASA, Mo/SiO₂ et Mo/Magdel30 et Mo/Magdel.*

La figure VI.3 montre les distributions poreuses de Magdel30 et Mo/Magdel30 calculée à partir de l'application du modèle BJH à la courbe d'adsorption. On observe une nette modification de la distribution poreuse après dépôt de molybdène qui indique la perte des pores de plus petit diamètre. L'analyse de ces échantillons par la méthode t-plot montre que la perte de surface est essentiellement due à la disparition des pores de plus petite taille (dans l'échantillon Magdel30 56% des pores ont un diamètre inférieur à 4,5 nm contre seulement 37 % dans l'échantillon Mo/Magdel30 et la diminution de surface spécifique peut être pratiquement complètement attribuée au bouchage de ces pores).

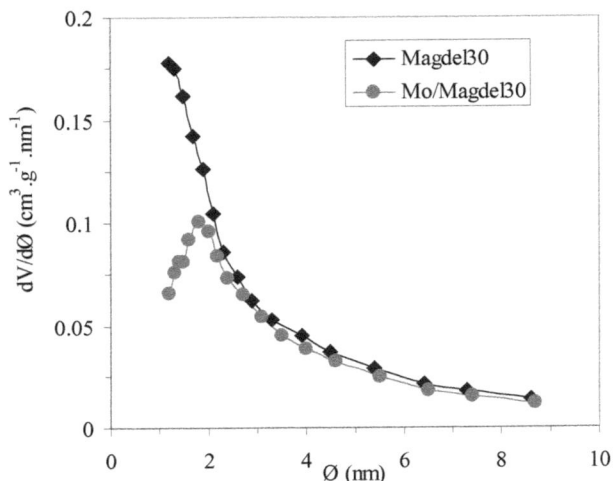

Figure VI.3: *Distributions poreuses de Magdel30 et Mo/Magdel30 calculées à partir de l'application du modèle BJH à la courbe d'adsorption.*

IV. Caractérisation des feuillets de MoS$_x$ par microscopie électronique

IV.1. Distribution des feuillets MoS$_2$

L'état de dispersion des phases oxydes n'est pas facile à déterminer par microscopie électronique en transmission (MET) en raison du faible contraste entre les particules d'oxyde de molybdène et les supports utilisés.

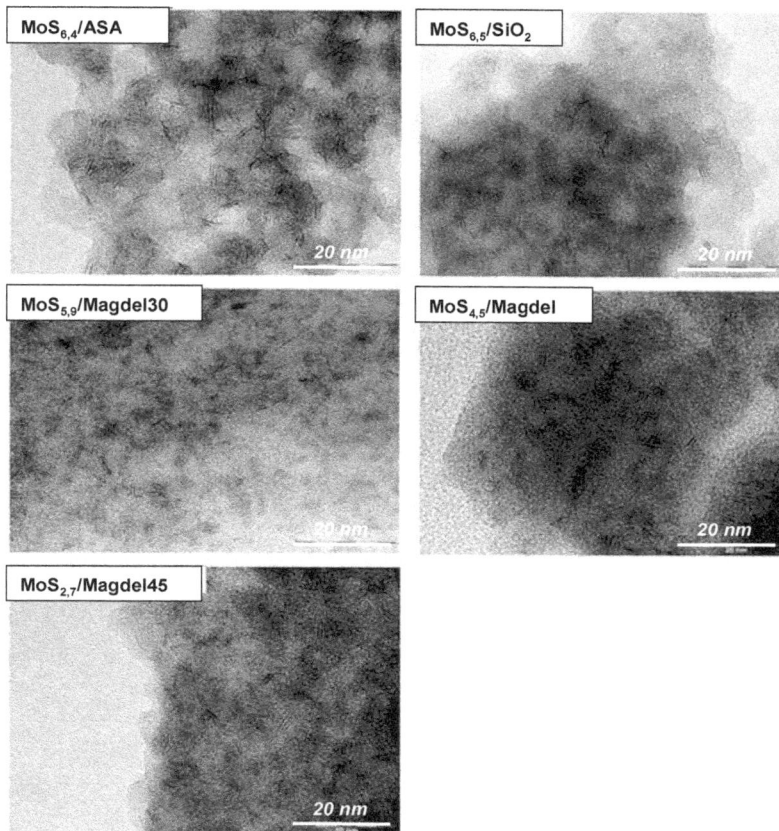

Figure VI.4: *Clichés de microscopie électronique (TEM) des cinq catalyseurs. Mise en évidence des feuillets MoS$_2$.*

Par conséquent, nous avons choisi de caractériser par cette technique les catalyseurs à l'état de sulfure. Dans les mêmes conditions de sulfuration que les nôtres, Kooyman et *al.* (Kooyman et *al.* 2001) observent une sulfuration complète d'un catalyseur Mo (7,5%Mo pds)/SiO$_2$. La figure VI.4 présente quelques clichés représentatifs de tous les catalyseurs après un traitement de sulfuration. Les clichés de MET des différents catalyseurs montrent des feuillets de MoS$_x$ bien définis et ce, quelle que soit la teneur en Mo. Ils semblent indiquer une répartition homogène de la phase MoS$_x$, ainsi qu'une orientation aléatoire des feuillets MoS$_x$.

IV.2. Morphologie des particules de MoS$_x$: Répartition de la longueur et de l'empilement des feuillets

Rappelons qu'à l'état sulfure, les catalyseurs d'hydrodésulfuration sont constitués de cristallites de sulfure de molybdène sous forme de feuillets de longueur *(L)* empilés les uns sur les autres. Le nombre de feuillets constituant une particule de MoS$_2$ est définie comme étant l'empilement de *(N)* feuillets. A partir des clichés MET, nous avons procédé au comptage des feuillets de MoS$_2$ sur les différents catalyseurs Mo sulfurés. Ce comptage implique la mesure de la longueur et du degré d'empilement des feuillets de MoS$_2$. Il est réalisé sur environ 200 particules pour chaque catalyseur. Les distributions de longueurs et d'empilements sont reportées sur la figure VI.5. Nous observons que la longueur moyenne des feuillets est entre 2,2 et 3 nm (tableau VI.3) pour tous les catalyseurs. Les différences sont plus importantes en terme d'empilement puisque le nombre moyen de feuillets empilés est proche de 1,6 pour la silice alumine alors qu'il est proche de 2,8 pour la silice.

Cette différence entre silice et ASA en termes d'empilement est en accord avec les résultats de la littérature (Spozhakina et *al.* 1988) (Ahuja et *al.* 1970) qui montrent un empilement plus élevé sur silice que sur alumine, attribué à une interaction plus faible avec le support dans le cas de la silice.

Catalyseurs	Longueur moyenne des feuillets MoS_2 ($L_{moyenne}$) en nm	Nombre d'empilement moyen des feuillets MoS_2 (N_{moyen})
MoS_x/SiO_2	2,7	2,8
MoS_x/ASA	3,0	1,6
$MoS_x/Magdel30$	2,7	2,2
$MoS_x/Magdel45$	2,3	2,0
$MoS_x/Magdel$	2,2	2,0

Tableau VI.3: *Longueur moyenne des feuillets MoS_2 et leur empilement pour les différents catalyseurs préparés.*

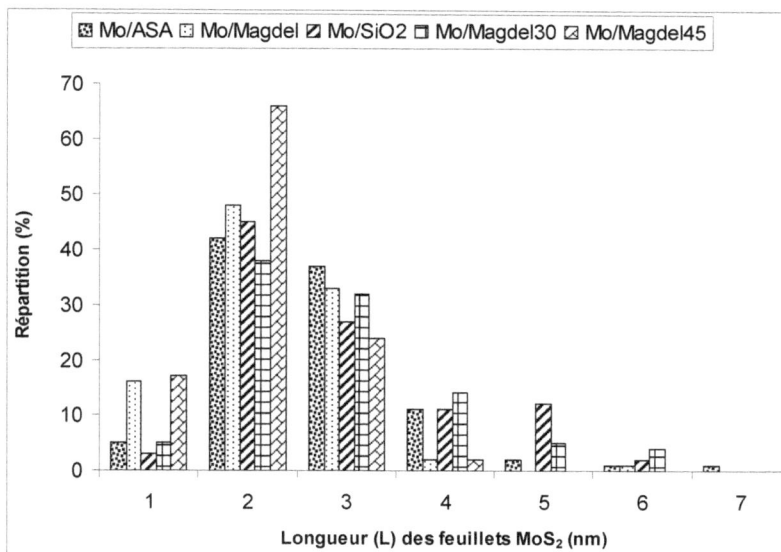

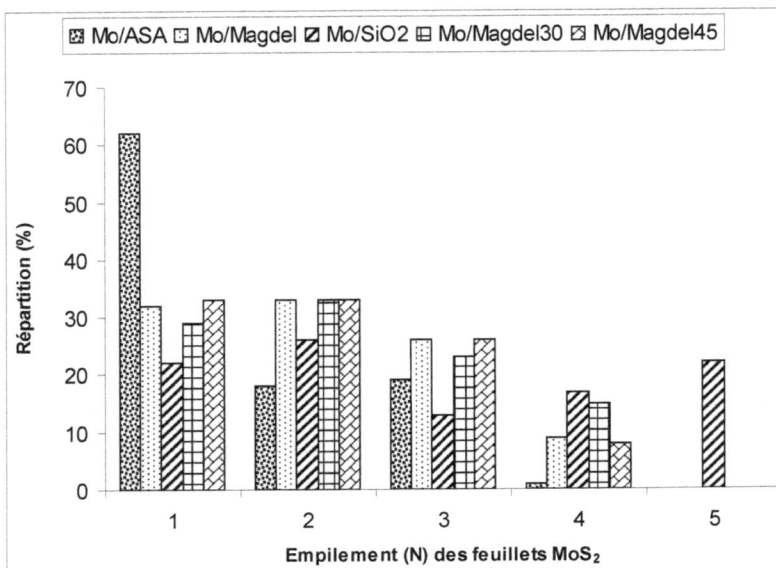

Figure VI.5: *Répartition de la longueur et de l'empilement des feuillets de MoS$_2$ sur les cinq catalyseurs.*

IV.3. Stoechiométrie de la phase MoS$_x$: analyse EDX

L'analyse EDX permet de calculer les rapports S/Mo (voir tableau VI.4). Pour tous les échantillons le rapport S/Mo est supérieur à 2 (de 10 à 20%). Cette valeur peut paraître un peu élevée mais il faut savoir que le rapport S/Mo est très sensibles non seulement aux conditins de sulfuration mais aussi aux conditions de refroidissement de l'échantillon après sulfuration. Ainsi G. Crepeau (Grépeau, thèse 2002) a rapporté des valeurs relativement faible de taux de sulfuration pour du molybdène supporté sur silice alumine (entre 1,3 et 1,7 %), mais les conditions de sulfuration utilisées étaient assez différentes (évacuation sous vide après sulfuration). Par ailleurs, C.E. Hédoire (Hédoire, thèse 2003) a observé des rapport

S/Mo supérieurs à 2 lors de la sulfuration de molybdène supporté sur des silices mésoporeuses.

Catalyseurs	%Mo	%S	S/Mo
MoS$_x$/SiO$_2$	6,4	4,7	2,3
MoS$_x$/ASA	6,5	5,1	2,2
MoS$_x$/Magdel30	5,9	4,8	2,4
MoS$_x$/Magdel45	2,7	2,2	2,4
MoS$_x$/Magdel	4,5	3,7	2,4

Tableau VI.4: *Résultats des analyses élémentaires en S et Mo ainsi que du rapport atomique S/Mo déterminés par analyse élémentaire EDX.*

Il semble en tout cas que l'on ne commette pas une erreur élevée en écrivant la stoechiométrie de la phase sulfure comme « MoS$_2$ » et c'est ce que nous ferons par la suite.

V. Caractérisation des catalyseurs Mo sulfurés par adsorption de molécules-sondes suivie en IR

V.1. Introduction

Les lacunes de soufre des feuillets de MoS$_2$ également appelées (CUS, (Coordinatively Unsaturated Sites) sont considérées comme étant les sites actifs impliqués dans les réactions d'hydrodésulfuration (Okamoto et al. 1980) (Massoth et al. 1984). Dans le chapitre IV, nous avons souligné l'importance de la caractérisation des sites acides des supports par chimisorption de molécules sondes comme l'adsorption de monoxyde de carbone à basse température suivie par spectroscopie infrarouge. Cette méthode peut aussi s'avérer utile pour la caractérisation des CUS de la phase MoS$_x$ supportée.

Cette technique a été proposée par Bachelier et *al.* dès 1981 (J. Bachelier et *al.* 1981). Parmi les molécules sondes utilisables pour caractériser les lacunes de soufre, La sonde CO interagit relativement faiblement avec les CUS et présente l'avantage de ne pas se transformer sur la surface contrairement à la sonde NO (Z. Shuxian et *al.* 1986). Cette technique permet non seulement de quantifier le nombre de CUS mais également, comme cela a été montré au cours d'études réalisées précédemment au Laboratoire Catalyse et Spectrochimie (Crepeau, thèse 2002) et au Laboratoire de Réactivité de Surface (Hédoire, thèse 2003), de mettre en évidence les modifications propriétés électroniques de la phase sulfure occasionnées par l'acidité du support (voir partie biblio).

Les conditions opératoires sont détaillées dans le chapitre II (préparation des échantillons) et en annexe (traitement des spectres). Les catalyseurs suivants ont été étudiés Mo/Magdel30 [Si/Al=30], Magdel45 *[Si/Al=45],* Magdel [Si/Al=∞], Mo/ASA [Si/Al=5,7], et Mo/SiO$_2$ [Al=0]. Les spectres reportés par la suite sont des spectres différence, c'est-à-dire qu'ils sont obtenus en soustrayant du spectre correspondant à n doses de CO, le spectre enregistré avant l'ajout de la première dose de CO.

V.2. Caractérisation des sites acides du support : Modifications lors du dépôt du Mo

L'effet de la présence d'une phase sulfure sur les propriétés acides du support a été caractérisé par adsorption de CO (figure VI.6.A). Pour cela les spectres de deux des supports acides, Magdel30 et ASA ont également été enregistrés. La sulfuration des catalyseurs entraîne une diminution marquée de la transmission du rayonnement IR (voir figure VI.6).

Cette diminution est d'autant plus importante que la teneur en molybdène est élevée. Elle est due à la diffusion ou à l'absorption du rayonnement IR par les particules de molybdène sulfuré. Cela rend la caractérisation par spectroscopie IR des groupements OH très acides du support délicate, car dans la zone $\nu(OH)$, le rapport signal/bruit est particulièrement faible.

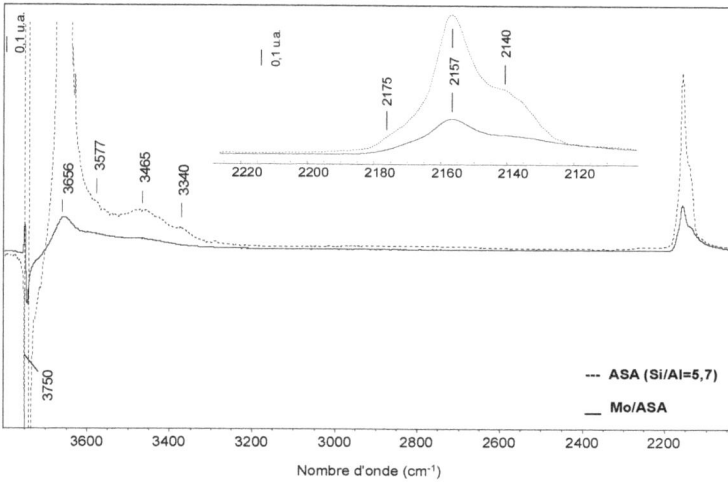

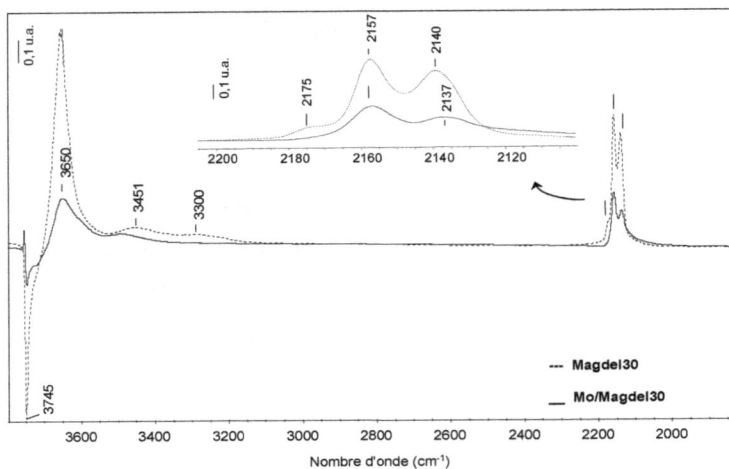

Figure VI.6: Comparaison des spectres IR obtenus après adsorption de 1 Torr de CO à l'équilibre pour les supports seuls (---), {Magdel30, ASA}, et les catalyseurs Mo sulfurés (—), {Mo/Magdel30, Mo/ ASA}.

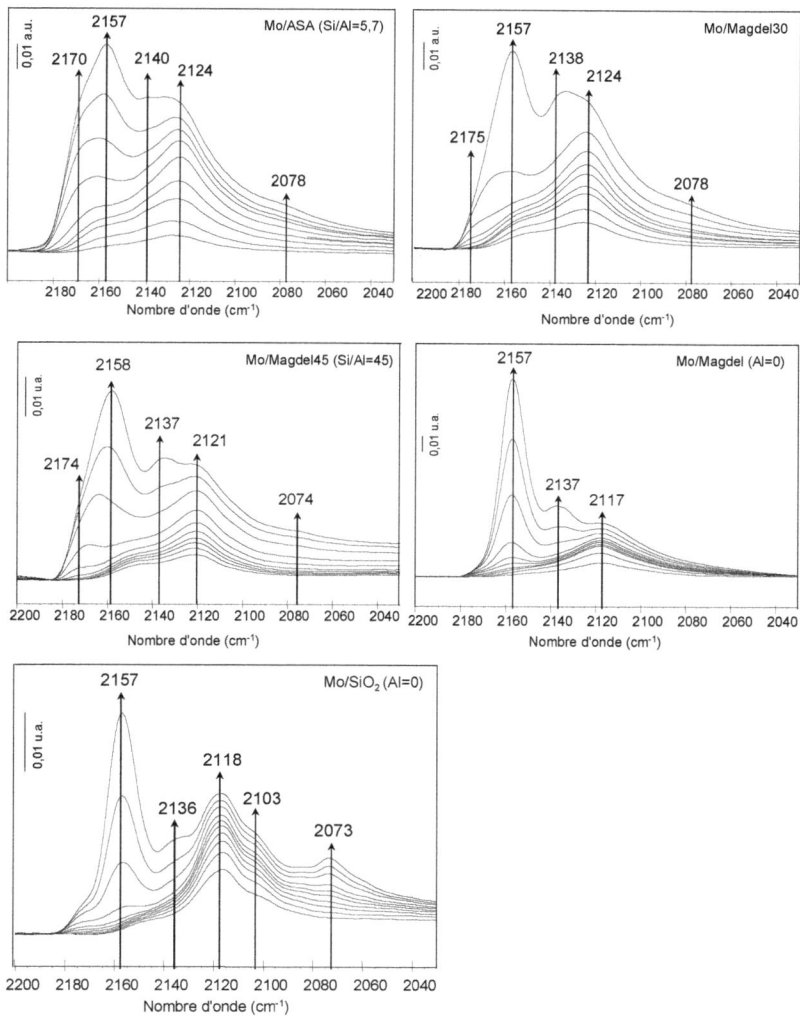

Figure VI.6.A: *Spectres IR correspondant à l'adsorption de doses croissantes de CO sur les différents catalyseurs au molybdène sulfurés (doses comprises entre ~9 et ~900 μmol CO.g⁻¹)*

Sur les catalyseurs Mo, les groupements OH les plus acides (bande $v(CO)$ à 2175 cm^{-1} et la bande des $v(OH)$ perturbés par CO à 3465-3300 cm^{-1} - cf. Chapitre IV-) du support ne sont plus détectés. Une partie de cette diminution pourrait être non spécifique, due à la diminution de la transmittance de l'échantillon, et/ou à une perte d'accessibilité de la surface lors du dépôt (S_{BET} diminue), puisqu'on observe aussi une forte diminution du CO en interaction avec les groupements hydroxyles les moins acides ($v(CO) = 2157$ cm^{-1}, et massif OH perturbé à 3650 et 3655cm^{-1}), et même du CO physisorbé (vers 2140 cm^{-1}). Néanmoins, les groupements hydroxyles d'acidité intermédiaire et forte sont plus spécifiquement affectés. La figure VI.6.B illustre ces tendances en comparant les spectres du CO sur deux supports nus (avant dépôt de la phase de molybdène : ASA et Magdel30) et celui du CO sur les catalyseurs Mo correspondants (MoS$_x$/ASA et MoS$_x$/Magdel30). Il est clair qu'il y a une consommation totale des sites acides forts du support après dépôt du molybdène, ce qui traduit par l'absence des bandes à 2170 cm^{-1} (ASA) et 2175 cm^{-1} (Magdel30) caractéristiques de ces sites, tandis que les bandes correspondant aux sites acides faibles à 2157 cm^{-1} sont toujours nettement observées après le dépôt du Mo.

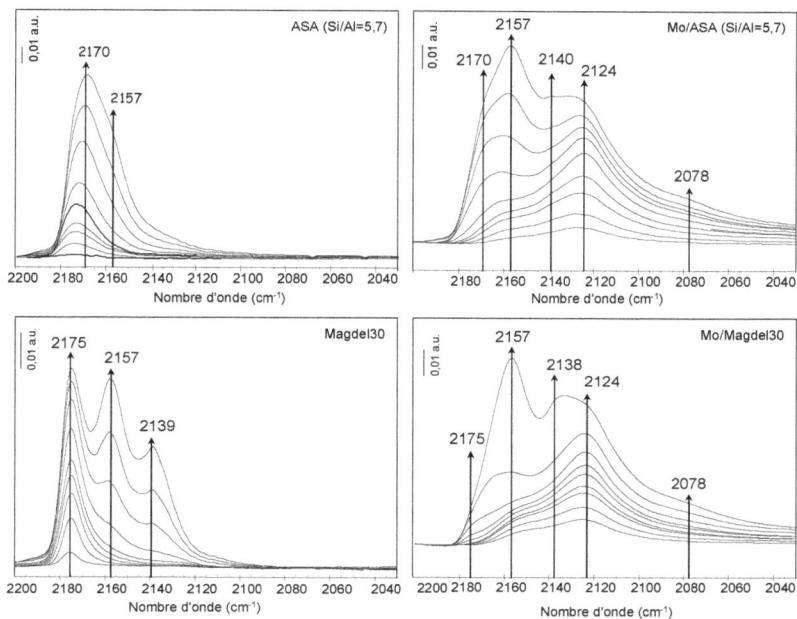

Figure VI.6.B: *Comparaison entre les spectres IR d'adsorption du CO sur le support nu et sur le catalyseur sulfuré correspondant (exemple : ASA et Magdel30), doses comprises entre ~ 9 et ~ 900 $\mu mol.g^{-1}$.*

V.3. Caractérisation de la phase MoS$_x$

La figure VI.7 regroupe les spectres de CO adsorbé sur les différents catalyseurs, d'une part pour une dose proche de celle correspondant à la saturation des sites de la phase MoS$_2$ (figure VI.7.A) et d'autre part pour une dose importante de CO (figure V.7.B). Sur les cinq catalyseurs étudiés, l'adsorption de CO/MoS$_2$ donne lieu aux mêmes types de bandes. Nous observons la présence de bandes nouvelles par rapport au support nu vers 2124-2117 cm^{-1}, et 2078-2073 cm^{-1}. La bande à 2124-2117 est attribuée au CO adsorbé sur les sites de bord des feuillets de MoS$_2$ (Crépeau, thèse

2002). Cette bande apparait dès les premiers ajouts de CO (figures VI.6.A), indiquant une forte affinité des molécules-sondes pour les bords de feuillets. Pour les quantités plus importantes de CO introduit, l'apparition de la bande vers 2140-2137 cm^{-1} caractéristique de la physisorption recouvre partiellement la bande CO/MoS_2 à 2124-2117 cm^{-1} et empêche l'observation précise de la courbe d'adsorption CO/MoS_2.

Discutons enfin la bande à bas nombre d'onde vers 2073-2078 cm^{-1}. Elle n'est clairement observée que sur le catalyseur Mo/SiO_2 où elle apparaît à 2073 cm^{-1}. Sur les autres catalyseurs, elle est détectée sous forme d'un épaulement entre 2078 et 2073 cm^{-1}. Ces observations sont compatibles avec les données de la littérature puisque la présence de cette bande est rapportée essentiellement dans le cas de feuillets de MoS_2 supportés sur silice. Deux hypothèses ont été envisagées quant à son attribution: elle pourrait traduire un empilement élevé de feuillets de MoS_2 comme proposé par Tsyganenko et al. (Tsyganenko et al. 2004) (en effet on observe une bande à cette même position dans le cas de MoS_2 massique) ou bien, d'après des calculs DFT récents (Travert et al. 2006) l'adsorption d'un CO sur un bord S de feuillet de MoS_2 (l'adsorption de CO sur un bord Mo conduisant à la bande à 2110 cm^{-1}). Des empilements plus élevé de feuillets de MoS_2 ont bien été observés par MET (voir paragraphe IV.2) pour cet échantillon, ce qui semble confirmer la première hypothèse.

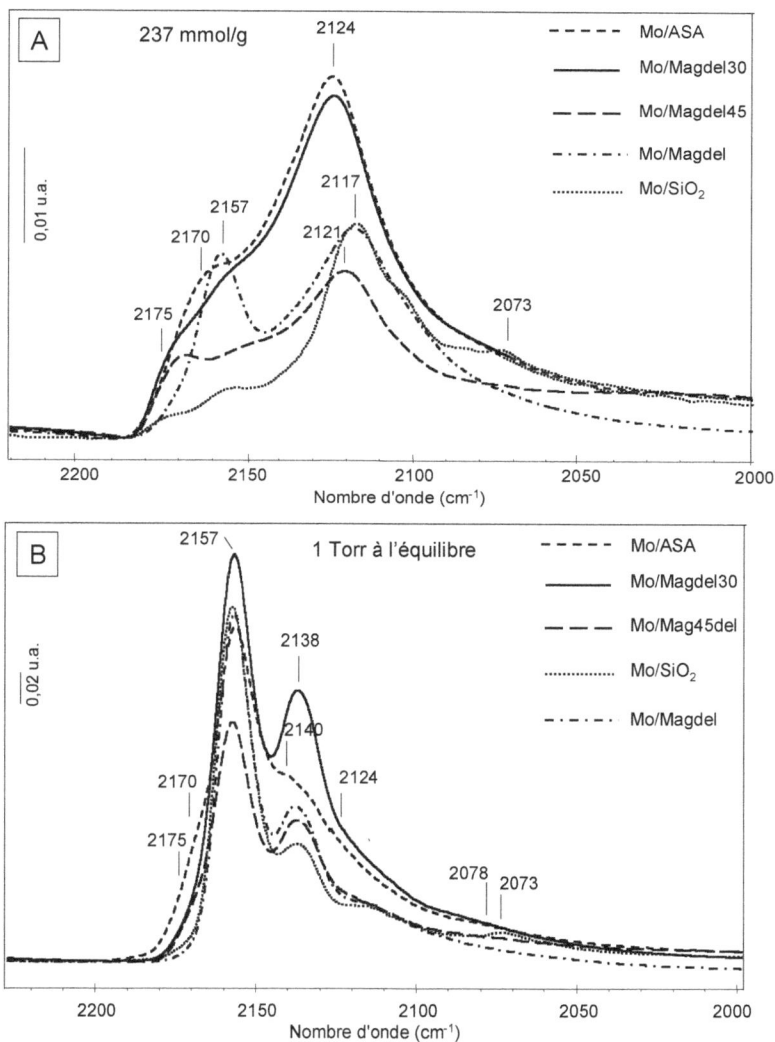

Figure VI.7: *Spectres IR du CO adsorbé sur les différents catalyseurs Mo sulfurés pour une dose de CO proche de celle correspondant à la saturation des sites de la phase Mo(A) et pour une pression d'équilibre de CO de 1 Tor (B).*

V.3.1. Nombre de sites de bord des feuillets de MoS$_x$

L'intensité de la bande correspondant au CO en interaction avec les CUS dépend du nombre de CUS présents dans l'échantillon. Nous avons donc cherché à caractériser le nombre de sites de bord détectés par le monoxyde de carbone pour les différents catalyseurs.

C'est pourquoi nous avons représenté l'évolution de l'aire de la bande CO/Mo en fonction de la dose de CO adsorbé pour chaque catalyseur (figure VI.8). Pour des faibles doses de CO la quantité de CO adsorbée sur les CUS augmente rapidement, puis, pour les doses supérieures, l'augmentation de l'aire de la bande CO/Mo est très faible.

Pour déterminer la quantité de CO adsorbé sur les lacunes soufre, nous avons utilisé la méthode du point S. Cette méthode consiste à tracer les tangentes à la courbe pour les faibles et les fortes doses de CO. Si l'on fait l'hypothèse que pour les faibles doses de CO, tout le CO introduit est chimisorbé sur les CUS, l'abscisse de l'intersection des deux tangentes devrait être égale à la quantité de CO chimisorbé sur les CUS et l'ordonnée devrait être proportionnelle, via le coefficient d'extinction molaire à cette même quantité. Comme on peut le voir sur la figureVI.8, il n'y a pas de proportionnalité bien définie entre les abscisses et les ordonnées des points S des différents catalyseurs (les points S des différents échantillons ne sont pas sur une droite passant par l'origine). Cela est principalement dû au fait qu'il n'est pas possible de déterminer avec précision la tangente à la courbe aux basses pressions. Il est même très probable que dès la première dose de CO on ne soit déjà plus dans le domaine où le CO est exclusivement adsorbé sur les lacunes soufre.

Pour quantifier le nombre de CUS, il est donc préférable d'utiliser l'ordonnée du point S *i.e.* l'aire de la bande CO/Mo, qui est proportionnelle au nombre de CUS et qui est beaucoup moins sensible à l'imprécision sur la détermination de la tangente aux basses pressions. Pour obtenir le nombre de CUS, il faut connaître le coefficient d'extinction molaire du CO sur ces sites particuliers. Pour cela nous avons utilisé la valeur déterminée précédemment dans le cas d'un échantillon MoS_2/Al_2O_3 16 ± 4 $\mu mol^{-1}.cm$ (Crépeau, Thèse 2002). Ce calcul a ses limites puisqu'il faut supposer que la valeur de ε ne varie pas avec la position de la bande de CO, ce qui n'est pas exact. En effet il a été montré qu'une diminution du nombre d'onde conduisait à une augmentation de ε. On peut cependant supposer que sur l'intervalle de longueur d'onde à considérer pour nos échantillons (7 cm^{-1}) cette variation est faible.

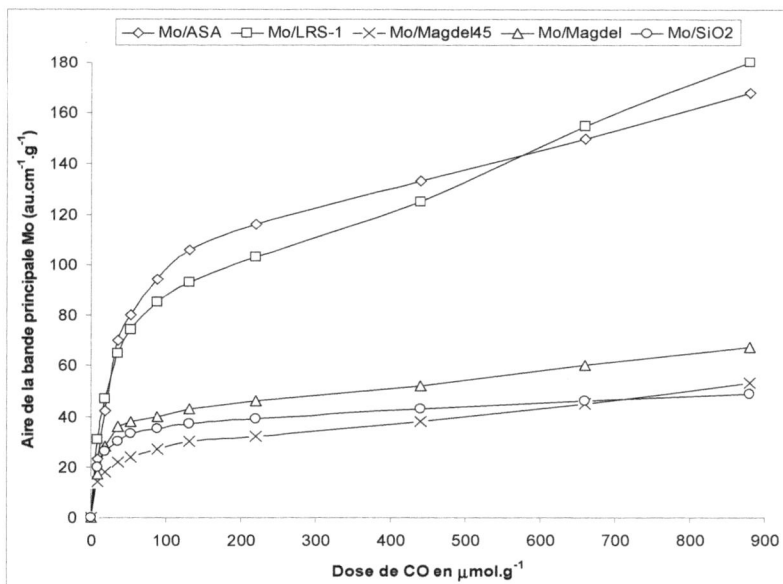

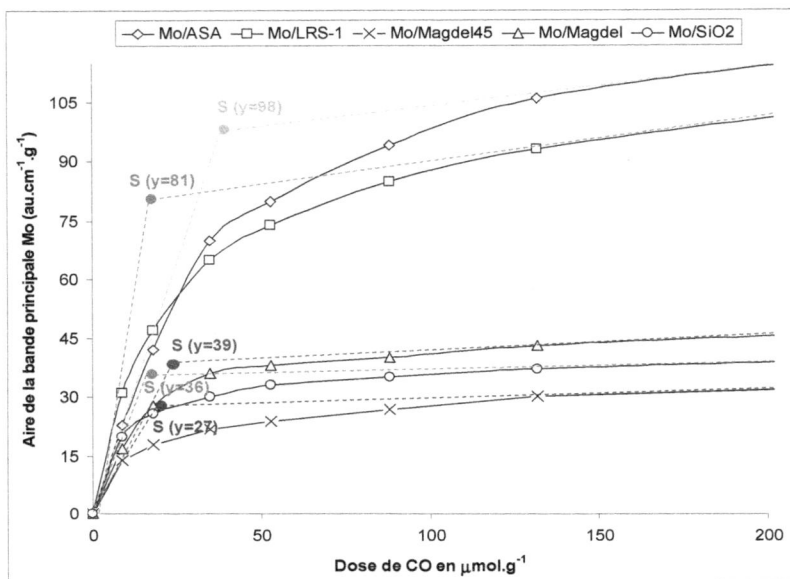

Figure VI.8: *Evolution de l'aire de la bande CO/Mo en fonction de la quantité de CO adsorbée pour les différents catalyseurs Mo sulfurés. En bas : détail de la première partie de la courbe d'adsorption, et application de la méthode du « point S ».*

Le Tableau VI.5 présente le nombre de sites de bord accessibles au monoxyde de carbone pour les différents catalyseurs, en nombre de CUS par g de catalyseur et en nombre de CUS par g de Mo pour s'affranchir des variations en terme de quantité de molybdène entre les différents catalyseurs. On peut noter que le nombre de CUS varie de près d'un facteur 3 entre les échantillons de cette série. Le classement en terme de nombre de CUS des différents catalyseurs est: ASA≈Magdel30>Magdel45≈Magdel>SiO$_2$.

Notons pour commencer que ce classement ne suit pas celui de la taille des feuillets de MoS_x déterminé par microscopie électronique $ASA>SiO_2=Magdel=Magdel30>Magdel45$, et ne peut donc pas être attribuer à des variations dans la dispersion de la phase sulfure. Par ailleurs, ce classement suit la même tendance que l'acidité du support et pourrait être simplement dû à une variation du coefficient d'extinction molaire avec la position de la bande CO (rappelons que nous avons, pour ce calcul pris la même valeur de ε pour tous les échantillons alors qu'une variation de ε avec la position de la bande $\nu(CO)$ est attendue). Pour finir, on peut également noter que la bande observée à 2117-2124 cm^{-1} n'est pas la seule à traduire l'adsorption de CO sur les lacunes de soufre : la bande à 2173-2178 cm^{-1} est généralement attribué à du CO sur les lacunes de soufre situées sur les bords des feuillets présentant des empilements important (vide infra).

Catalyseurs	Aire de la bande principale CO/Mo ($A_{CO/support\ (Mo)}$) ($ua.cm^{-1}.g^{-1}$)	Nombre de CUS ($\mu mol.g^{-1}$)	Nombre de CUS ($\mu mol.g^{-1}_{Mo}$)
MoS_x/SiO_2	36	4,5	69
MoS_x/ASA	98	12	185
$MoS_x/Magdel30$	81	10	169
$MoS_x/MagDel45$	27	3,4	125
$MoS_x/MagDel$	39	5	111

Tableau VI.5: *Nombre de sites de bord de la phase sulfure détecté par CO pour différents catalyseurs (voir annexe pour le calcul des CUS).*

Dans cette hypothèse, pour déterminer le nombre total de lacunes de soufre, il faudrait donc inclure la contribution de cette bande dont nous ignorons malheureusement le coefficient d'extinction molaire. Le faible nombre de CUS observé pour l'échantillon MoS_x/SiO_2 pourrait être donc dû à une contribution importante des ces lacunes, puisque cet échantillon est également celui pour lequel l'intensité de la bande à 2073-2078 cm^{-1} est maximale et l'empilement moyen le plus élevé.

V.3.2. Caractérisation de la phase MoS_x : modification des propriétés électroniques de la phase sulfure par l'acidité du support

Les positions de bandes ν(CO) des différents échantillons sont reportées dans le Tableau VI.6. Pour les deux catalyseurs supportés sur les supports purement siliciques (SiO_2 et Magdel) la bande est située à 2117 cm^{-1}. Cette bande est déplacée de 4 à 8 cm^{-1} pour les catalyseurs supportés sur les supports acides (ASA, Magdel30 et Magdel45).

Il est important de noter ici que, bien que la différence entre ces valeurs soit proche de la résolution graphique du spectromètre (4 cm^{-1}) elle reste significative. En effet on distingue la résolution graphique de la résolution spectrale et l'on peut considérer que le déplacement d'une bande IR est significatif s'il dépasse 0,5 cm^{-1}. Le tableau VI.6 résume les positions des bandes de CO adsorbé sur la phase MoS_x, en y ajoutant comme référence le CO adsorbé sur MoS_2 massique (Maugé et *al.* 2000). Notons également (figure VI.6.A) que la bande observée à 2117-2124 cm^{-1} selon les échantillons est décelable dès les premiers ajouts de CO et que son nombre d'onde reste inchangé lorsque le recouvrement en CO augmente. Ainsi, le décalage en fréquence de la bande principale CO/MoS_2

en fonction de la nature du support est observé même pour les doses faibles de CO et n'est donc pas dû à un effet de couplage dipolaire.

Catalyseurs	Si/Al	%Mo	$v(CO)$ Acidité de Brønsted forte (cm^{-1})	$v(CO)$ Acidité de Brønsted faible (cm^{-1})	$v(CO)$ CUS (cm^{-1})
MoS$_2$ massique*	–	–	–	–	2086
MoS$_x$/SiO$_2$	∞	6,4	–	2157	2117
MoS$_x$/ASA	5,7	6,5	2175-2170	2157	2124
MoS$_x$/Magdel30	30	5,9	2175	2157	2124
MoS$_x$/Magdel45	45	2,7	2175	2157	2121
MoS$_x$/Magdel	∞	4,5	–	2157	2117

Tableau VI.6: Récapitulatif des nombres d'ondes (en cm^{-1}) des différentes bandes $v(CO)$ détectées sur les catalyseurs Mo sulfurés déposés sur différents supports.

On peut donc supposer que les déplacements observés sont dus à des effets électroniques : la position du vibrateur CO est en relation avec la densité électronique des particules de MoS$_x$ supportées. Il reste à comprendre l'origine de cet effet électronique. Plusieurs auteurs ont proposé l'existence d'un effet de l'acidité du support sur les propriétés électroniques de la phase sulfure de Mo (Crépeau, thèse 2002) et Hédoire et *al.* (Hédoire et *al.* 2003). Ainsi, d'une manière générale, la présence de sites acides à proximité des feuillets de sulfure de molybdène diminuerait la densité électronique de la phase sulfure. Ce phénomène conduirait à son tour à une diminution de la rétrodonation entre les sites molybdène et les molécules de CO adsorbées ; la diminution du nombre d'électrons sur l'orbitale moléculaire antiliante 2Π* du CO implique un renforcement de la liaison C-O et donc un déplacement de la bande d'élongation ν(CO) vers les hauts nombres d'ondes. De la sorte, la position de la bande CO/phase molybdène constituerait un moyen indirect pour caractériser l'acidité du support.

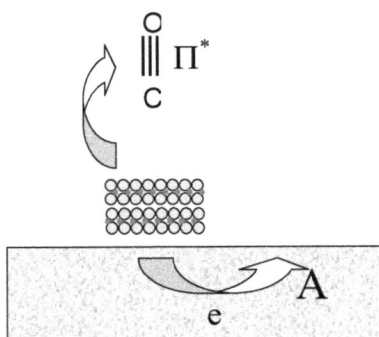

Figure VI.9: *Effet électronique de l'acidité du support sur les propriétés électroniques de la phase MoS$_2$ supportées; conséquence sur la position de ν(CO).*

Ce déplacement est en accord avec ce qui est obtenu dans le cas de nos catalyseurs : plus l'acidité des supports est forte (cf. notamment Chapitre IV), plus le nombre d'ondes de vibration du CO adsorbé sur la phase MoS$_x$ est élevé. De même sur MoS$_2$ massique, le bas nombre d'onde ν(CO) peut s'expliquer par l'absence d'interaction métal-support.

Par ailleurs, il semble que la force des sites acides et leur nombre jouent tous deux un rôle: en comparant de Magdel45 à Magdel30, on observe un déplacement du nombre d'onde de 2121 à 2124 cm^{-1} alors que le nombre de sites acides augmente et que leur force doit rester comparable ; d'autre part, le support ASA et le support Magdel30 qui contiennent, comme nous l'avons montré dans le chapitre IV, un nombre élevé de sites acides de force moyenne (ASA) et l'autre un nombre faible de sites acide de force élevée (Magdel30) conduisent au même déplacement de la bande νCO (2124 cm^{-1}).

Il convient de signaler que nombre d'onde de la bande ν(CO) pourrait également dépendre indirectement de la taille des particules qui peut elle aussi influer sur leur densité électronique (comme cela a été suggéré par Kappers et *al.* 1996 dans le cas de particules métalliques non supportées). Cependant cet effet doit être négligeable ici puisque les feuillets de MoS_x/SiO_2 $MoS_x/Magdel45$ et $MoS_x/Magdel30$ ont des caractéristiques très voisines (voir paragraphe -*Caractérisation des feuillets de MoS$_x$ par microscopie électronique*-).

VI. Activité des catalyseurs en HDS : test du thiophène à pression atmosphérique

La vitesse de disparition du thiophène a été suivie en fonction du temps de travail. On observe une désactivation des catalyseurs durant les 20 premières minutes puis, une stabilisation de la vitesse. Les différents catalyseurs présentent un comportement similaire vis-à-vis de la désactivation. L'activité des catalyseurs est comparée après 80 minutes de réaction. Le tableau VI.7 montre les différentes valeurs de la vitesse de disparition de thiophène par gramme de catalyseur et par gramme de Mo (pour s'affranchir des variations de teneur en Mo entre les catalyseurs).

Catalyseurs	Vitesse de disparition de thiophène 10^{-6}. (mol. s^{-1}. g^{-1})	Vitesse de disparition de thiophène 10^{-6}. (mol. s^{-1}. g$^{-1}_{Mo}$)
MoS$_x$/SiO$_2$	16,2	249
MoS$_x$/ASA	12,6	197
MoS$_x$/Magdel30	10,8	183
MoS$_x$/Magdel45	6,1	225
MoS$_x$/Magdel	11,5	255

Tableau VI.7: *Résultats du test de thiophène sur les différents catalyseurs Mo sulfurés. Vitesse de disparition de thiophène par gramme de catalyseur en (mol. s^{-1}.g^{-1}) et par g de molybdène en (mol. s^{-1}.g$^{-1}_{Mo}$).*

La vitesse de réaction rapportée à la quantité de Mo ne varie que peu entre les catalyseurs (moins de 30 % de variation entre les catalyseurs les plus et moins actifs). Le classement des catalyseurs en fonction de la vitesse de réaction par g de Mo est le suivant Magdel≈SiO$_2$>Magdel45>ASA≈Magdel30. Un nombre de CUS par gramme de catalyseur ayant pu être déterminé par adsorption de CO sur ces lacunes, il pourrait être intéressant de calculer l'activité par CUS. Cependant, comme nous l'avons discuté dans la partie correspondante, l'absence de corrélation entre le nombre de CUS et la taille des feuillets semble signifier que ces valeurs sont à prendre avec beaucoup de précautions. Dans ces conditions, il semble plus raisonnable de ne pas utiliser ces valeurs. Par ailleurs il n'y a pas non plus de corrélation simple avec la longueur des feuillets (rappelons que les sites actifs sont les sites de bords des feuillets): ASA>Magdel=Magdel30=SiO$_2$>Magdel45. Notons également que le classement des échantillons en terme d'activité est l'inverse de celui observé en terme d'acidité. Nous n'avons pour l'instant pas d'explication pour ce résultat et il n'existe pas d'étude sur l'influence de l'acidité du support sur cette réaction. En effet, Hédoire et *al.* (Hédoire et *al.* 2003) avait, au contraire, observé un effet positif de l'acidité du support sur l'activité pour la réaction d'hydrodesulfuration du dibenzothiophène sur des catalyseurs $MoS_x/HBEA$, effet attribué à une modification des propriétés électroniques de la phase active par l'acidité du support.

Par ailleurs le degré d'empilement des feuillets de MoS_x ne semble pas jouer un rôle négatif dans l'activité puisque le catalyseur MoS_x/SiO_2 qui présente un empilement voisin de 3 (contre environ 1 pour le catalyseur MoS_x/ASA) est également le plus actif.

VII. Conclusion

Le mélange mécanique de MoO_3 avec les supports mésoporeux modèles (ASA et SiO_2) et nos supports délaminés silico-aluminiques et purement siliciques (Magdel30, Magdel45 et Magdel) suivi d'un traitement thermique sous air à 500°C, permet, pour des teneurs en Mo inférieures à 7 % en poids, une dispersion totale de la phase oxyde dans la porosité du support. Cependant cette voie de préparation occasionne une diminution non négligeable de la surface spécifique. Cette diminution s'est avérée particulièrement élevée pour les supports délaminés, allant jusqu'à une perte relative de surface de 67%. Ceci, est probablement dû au bouchage des pores de plus petite taille des les supports délaminés, un phénomène moins marqués chez des catalyseurs modèles étudiés. Un contrôle de la distribution poreuse des matériaux délaminés apparaît indispensable pour l'utilisation de ces matériaux en tant que supports pour la catalyse.

L'observation des catalyseurs par microscopie électronique et analyse chimique permet l'identification de la morphologie des feuillets MoS_2 et de leur état de dispersion. Tous les catalyseurs Mo sulfurés présentent des particules de MoS_2 complètement sulfurés bien distribuées sur le support, d'une taille moyenne comprise 2,2 et 3 nm, avec un empilement moyen compris entre 1,6 et 2,8.

Les différents catalyseurs Mo sulfurés on été caractérisés par adsorption de CO à basse température suivie par spectroscopie infrarouge. La nature des sites acides du support n'est pas sensiblement modifiée par la présence d'une phase sulfure. Par contre, leur nombre est fortement diminué. Le mélange mécanique du support avec le molybdène a entraîné une consommation des silanols du support, qui n'ont pas été totalement régénérés lors de la sulfuration. Les groupements hydroxyles d'acidité intermédiaire et forte sont plus spécifiquement diminués.

Le nombre de lacunes de soufre (calculé à partir de la surface du pic attribué à l'adsorption de CO sur les CUS et du coefficient d'extinction molaire de ces même CUS pour un catalysuer MoS_x/ASA) de la phase MoS_2 décroît dans l'ordre suivant : $ASA \approx Magdel30 > Magdel45 \approx Magdel > SiO_2$. Cette évolution, qui suit celle de l'acidité du support pourrait simplement traduire une modification du coefficient d'extinction molaire avec la position de la bande du CO chimisorbé sur les CUS.

Les résultats préliminaires obtenus en hydrodésulfuration du thiophène ont montré que tous les catalyseurs avaient des activités voisines (variation relative inférieure à 30%), qu'il n'était pas possible de dégager de tendance en terme de dispersion de la phase active et que l'activité semblait évoluer en sens inverse de l'acidité du support. Ce dernier résultat est cependant surprenant et en contradiction avec des résultats précédents où un effet positif de l'acidité du support avait été observé en HDS du dibenzothiophène (Hédoire, 2003) et du 4,6 dimethyldibenzothiophène (Zeng, 2005). Il reste donc à confirmer.

Finalement, les études IR menées sur les catalyseurs sulfures sont délicates à mettre en œuvre du fait de la faible transparence des catalyseurs et du faible nombre de sites sur la phase Mo. Néanmoins, nous considérons que les résultats obtenus dans cette étude sont encourageants. Ils soulignent que l'adsorption de monoxyde de carbone suivie par spectroscopie infrarouge est un outil de caractérisation des catalyseurs sulfures particulièrement efficace puisqu'il rend compte de l'acidité du support et de l'état électronique de la phase sulfure. Les résultats obtenus en terme de nombre de lacunes soufre sont cependant plus surprenants et ne peuvent pas être corrélés à la taille des feuillets déterminée par TEM. Une explication possible de cette différence pourrait être que nous avons employé, pour la détermination du nombre de lacunes soufre, une seule et même valeur de ε pour tous les échantillons, indépendamment de la position de la bande $\nu(CO)$. Une détermination de la valeur de ε pour chaque position de $\nu(CO)$, bien que possible, aurait cependant demandé beaucoup plus de temps que cette étude préliminaire ne le permettait.

Références

Ahuja A.A., Derrien M.L., le Page J.L., *Ind. Eng. Chem. Prod. Res. Dev.*, **1970**, 9, 272.

Bachelier J., Duchet J.C., Cornet D., *Bull. Soc. Chim. Belg.*, **1981**, 185, 487.

Crepeau G., Université de Caen, *Thèse de Doctorat*, **2002**, Caen.

Hédoire C.-E., Université Pierre et Marie Curie (Paris 6), *Thèse de Doctorat*, **2003**, Paris.

Hédoire C.-E., Louis C., Davidson A., Breysse M., Maugé F., Vrinat M., *J. catal.*, **2003**, 220, 433.

Kappers M.J., Miller J.T., Koningsberger D.C., *J. Phys. Chem.*, **1996**, 100, 3227.

Kooyman P.J., Hensen E. J. M., de Gong A.M., Niemantsverdriet, J.W., van Veen J.A.R., *Catal. Lett.*, **2001**, 74(1-2), 49.

Maugé F., Lamotte J., Nesterenko N.S., Manoilova O., Tsyganenko A.A., *Catal. Today*, **2001**, 70, 271.

Massoth F. E., Mularidhar D., Shabtai J., *J. Catal.*, **1984**, 85, 53.

Okamoto Y., Tomioka H., Imanaka T. et Teranishi S., *J. Catal.*, **1980**, 66, 93.

Spozhakina, A.A., Kostova N.G., *App. Cata.*, **1988**, 39, 333.

Shuxian Z., Hall W.KO., Ertl G., Knözinger H., *J. Catal.*, **1986**, 100, 167.

Tsyganenko A. A., Can F., Travert A., Maugé F., *Applied Catalysis A: General*, **2004**, 268(1-2), 189.

Travert A., Dujardin C., Maugé F., Veilly, E., Cristol, S., Paul J-F, Payen E., *J. Phys.Chem. B*, **2006**, 110, 1261.

Zeng S., Université Pierre et Marie Curie (Paris 6), *Thèse de Doctorat*, **2005**, Paris.

Conclusion générale

Conclusion générale

Ce travail visait à fabriquer des nouveaux matériaux acides afin d'élargir l'éventail des catalyseurs utilisés à l'heure actuelle notamment pour les réactions à catalyse acide (hydrogénation, isomérisation, etc.) et les réactions d'hydrodésulfuration. La fabrication de ces matériaux à été réalisée par l'application d'une voie récente, impliquant une délamination, à des phyllosilicates lamellaires naturels de type Magadiite et Kényaite. Cette procédure, consiste à (i) échanger les cations sodium (Na^+) par des ions d'agent tensio-actif ($C_{16}TMA^+$), (ii) séparer les feuillets silicates par traitement aux ultrasons en présence d'un additif TPAOH (c'est l'étape de délamination à proprement parler), et finalement (iii) éliminer les ions $C_{16}TMA^+$ par calcination. Les matériaux issus d'une telle procédure possèdent une haute surface spécifique et une porosité ouverte. L'acidité des matériaux synthétisés peut être contrôlée par substitution d'aluminium dans la structure des phyllosilicates du départ. La réaction-test d'isomérisation du cumène indique effectivement la présence d'une acidité forte de Bronsted dans les aluminophyllosilicates délaminés, acidité qui est confirmée par l'adsorption de molécules-sondes CO. La catalyse d'hydrodésulfuration constitue l'une des applications les plus prometteuses de ces nouveaux matériaux acides à surface élevée. Nous avons donc synthétisé des catalyseurs à base de sulfure de molybdène supporté par un mélange mécanique de MoO_3 massique avec les phyllosilicates délaminés, suivi d'une calcination et d'une sulfuration. Enfin les catalyseurs ont été testés pour l'HDS du thiophène.

Différentes techniques expérimentales ont été mise en œuvre tout le long de ce travail afin de caractériser, comprendre et tester les matériaux élaborés. Nous reprenons ci-dessous les conclusions principales, en regard des techniques qui ont permis de les obtenir :

1. La magadiite et la kényaite ont été transformées d'une manière reproductible en matériaux siliciques (ou aluminosiliciques) à large surface et à porosité ouverte.

2. L'étape de de gonflement a été suivie par DRX (avec notamment l'augmentation importante de la distance interréticulaire (d_{001})), ainsi que la perte de leur structure (perte d'ordre cristallin) après délamination. Cette technique nous a indiqué entre autres que pour éviter un réarrangement des feuillets lors de l'étape de séchage (réarrangement qui conduirait à la reconstruction de la magadiite (kényaite) gonflée) il est essentiel d'effectuer le séchage par lyophilisation pour limiter la mobilité des feuillets individuels.

3. La RMN du ^{29}Si et la microscopie électronique à transmission suggèrent la conservation partielle de la structure des feuillets (connectivité locale des tétraèdres (SiO_4) de la magadiite et la kényaite après délamination, comme en témoignent la conservation du rapport Q^3/Q^4 ainsi que la morphologie lamellaire du produit final. Cependant, la RMN suggère aussi une légère altération de ces feuillets qui ont été probablement localement érodés lors d'une de ces étapes. Les micrographies de TEM et de SEM montrent une modification dans l'aspect des particules. Tandis que les Na^+-phyllosilicates initiaux consistent en des empilements de feuillets rectangulaires, les matériaux délaminés présentent une agglomération des couches pliées ou chiffonnées.

4. La physisorption de N_2 a montré que ces matériaux développent une surface spécifique près de 24 fois (~$600m^2/g$, comparé à celle de la magadiite $24m^2/g$) ou 13 fois ($388m^2/g$, comparée à celle de la

kényaite 30m^2/g) supérieure à celle du phyllosilicate de départ. Ces matériaux présentent une distribution de taille de pores large (20<$\varnothing_{Pores}$<40Å) avec une contribution microporeuse relativement faible (< 20%). L'accessibilité de la surface des feuillets est donc élevée dans le matériau final, même si elle n'est apparemment pas complète.

5. La spectroscopie IR détecte une signature spectrale des cycles de siloxane probablement attribuable aux cycles à cinq tétraèdres. Cette signature est encore présente dans le produit final, et les cycles à 5 tétraèdres pourraient être en rapport avec l'acidité élevée puisqu'on les retrouve dans les zéolithes de type pentasil qui sont fréquemment utilisées comme catalyseurs acides. En outre, les produits finaux montrent un grand nombre de groupements silanols non-liés (bande à 3650 cm^{-1}).

6. L'introduction contrôlée d'aluminium dans les feuillets de la Na-magadiite et de la Na- kényaite a été réalisée avec succès en ajoutant des quantités adéquates d'AlOOH à la solution initiale de synthèse, moyennant une adsptation des conditions de synthèse. La substitution est pratiquement quantitative (plus de 90% de l'Al présent dans la solution initiale a été introduit dans la structure), et tout l'Al est en coordinence tétraédrique (déplacement chimique : + 52 ppm).

7. La synthèse des supports aluminosiliciques avec différents rapports Si/Al (Na[Si,Al]-magadiite (Si/Al= 20, 25, 30 et 45) et la Na[Si,Al]-kényaite (Si/Al= 20 et 30) conduit à des matériaux présentant des caractéristiques structurales (DRX, RMN ^{29}Si) et texturales (physisorption de N$_2$) similaires (20< S$_{BET}$ < 30 m^2/g) à celles des matériaux initiaux purement siliciques.

8. Les matériaux délaminés, en particulier, la Al-magadiite délaminée (Si/Al=30) jouissent d'une acidité élevée, proche de celle d'une zéolithe HBEA de même rapport Si/Al (catalyseur acide microporeux de référence) comme le témoigne la conversion élevée de cumène (82%).

9. La présence de ponts Si-OH-Al d'acidité forte, voisine de celle des sites acides d'une zéolithe HBEA ou ZSM-5 a été mise en évidence par adsorption de CO (déplacement $\Delta v(OH)$ de 311 cm^{-1} pour les sites les plus acides, corrélées à l'apparition d'une bande spécifique $v(CO)$ correspondant au CO adsorbé). La présence d'une bande négative à 3611 cm^{-1} indique que les sites responsables de cette adsorption forte de CO sont probablement des ponts Si-OH-Al. Ces matériaux présentent également des sites acides de Brønsted semblables à ceux que l'on trouve dans les silices-alumines amorphes, et une faible quantité de sites acides de Lewis.

10. Le mélange mécanique de MoO$_3$ avec les supports mésoporeux modèles (ASA et SiO$_2$) et nos supports délaminés silico-aluminiques et purement siliciques (Magdel30, Magdel45 et Magdel) suivi d'un traitement thermique sous air à 500°C, permet, pour des teneurs en Mo inférieures à 7 % en poids, une dispersion totale de la phase oxyde en surface du support. Cependant cette voie de préparation occasionne une diminution non négligeable de la surface spécifique. Ceci est probablement dû au bouchage des pores de plus petite taille des supports délaminés, un phénomène moins marqué pour les catalyseurs modèles étudiés.

11. L'observation des catalyseurs par microscopie électronique et l'analyse chimique montrent que tous les catalyseurs Mo sulfurés

présentent des particules de MoS_2 complètement sulfurées bien distribuées sur le support, d'une taille moyenne comprise entre 2,2 et 3 nm, avec un empilement moyen compris entre 1,6 et 2,8 feuillets de sulfure.

12. L'adsorption de CO à basse température suivie par spectroscopie IR indique que la nature des sites acides du support n'est pas sensiblement modifiée par la présence d'une phase sulfure. Par contre, leur nombre est fortement diminué. Le mélange mécanique du support avec le molybdène a entraîné une consommation des silanols du support, qui n'ont pas été totalement régénérés lors de la sulfuration. Les groupements hydroxyles d'acidité intermédiaire et forte sont plus spécifiquement affectés.

13. Le calcul du nombre de sites CUS en bord de feuillets indique que, pour le support contenant le plus de sites acides (Magdel30), ils sont aussi nombreux que pour la silice-alumine de référence (ASA).

14. Les résultats préliminaires obtenus en hydrodésulfuration du thiophène ont montré que tous les catalyseurs avaient des activités voisines (variation relative inférieure à 30%). Il n'est pas possible de dégager de tendance claire en fonction de la dispersion de la phase active, et l'activité semble évoluer en sens inverse de l'acidité du support. Ce dernier résultat est cependant surprenant et en contradiction avec des résultats précédents où un effet positif de l'acidité du support avait été observé en HDS du dibenzothiophène (Hedoire, 2003) et du 4,6 diméthyldibenzothiophène (Zeng, 2005). Il reste donc à confirmer.

15. Finalement, les études IR menées sur les catalyseurs sulfurés sont également surprenantes. En effet, les tentatives d'estimer le nombre de lacunes de soufre d'après leurs résultats ne peuvent pas être corrélés à la taille des feuillets déterminée par TEM.

La présente étude a donc établi un certain nombre de résultats intéressants concernant la synthèse et l'usage de supports catalytiques obtenus par délamination de la kényaite et surtout de la magadiite. Elle a également soulevé des questions précises qui pourront faire l'objet d'une étude ultérieure. La procédure de délamination, optimisée pour l'obtention d'une surface spécifique la plus élevée possible, permet en effet de synthétiser des matériaux mieux délaminés que dans d'autres études du même type. Si l'on comprend intuitivement l'intérêt d'un séchage par lyophilisation, il est plus difficile de rationnaliser l'effet d'autres paramètres de cette procédure, comme le nombre de gonflements au $C_{16}TMA^+$, ou le mode d'action de l'additif TPAOH. Un certain nombre de pistes ont été mises en évidence (Chapitre V), mais nous ne disposons pas encore d'un modèle moléculaire satisfaisant de cette étape de la synthèse. Or, il serait d'autant plus intéressant de l'améliorer que le coût élevé du TPAOH peut constituer un obstacle à l'exploitation industrielle de notre procédure.

Les résultats de l'étude d'hydrodésulfuration sont encore de nature préliminaire et la question mérite une étude plus complète pour laquelle le temps nous a manqué. Une optimisation des conditions de dépôt et de sulfuration du molybdène serait nécessaire, ainsi qu'une exploitation plus détaillée de la caractérisation par adsorption de molécules-sondes. Toutefois, nous pensons que les premiers résultats indiquent le potentiel de nos supports pour la catalyse d'hydrodésulfuration, entre autres applications envisageables.

Annexe

Annexe A- Variabilité dans la forme des isothermes d'adsorption désorption

La délamination permet d'accroître considérable la surface spécifique du matériau (de 20-30 $m^2.g^{-1}$ avant délamination à 300-400 $m^2.g^{-1}$ pour la kényaite et 500-600 $m^2.g^{-1}$ pour la magadiite). Cette augmentation de la surface spécifique s'accompagne de l'apparition d'une porosité dont la nature (microporosité, mésoporosité, macroporosité-surface externe) varie beaucoup d'un échantillon à l'autre. La figure A.1 illustre ces variations dans la texture du support pour trois échantillons sélectionnés parmi les échantillons préparés lors de cette thèse. Pour des conditions opératoires en apparence identique, il est possible d'obtenir un échantillon essentiellement microporeux, ou bien un échantillon qui présente majoritairement de la surface externe et mésoporeuse.

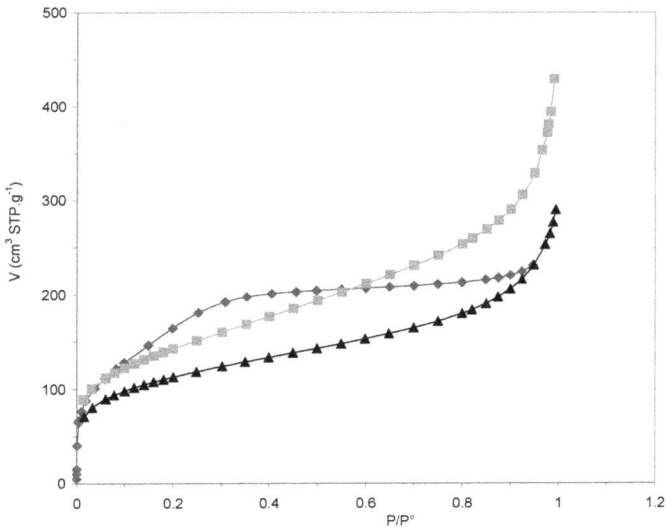

Figure A.1: Isotherme d'adsorption de plusieurs des magadiite délaminées obtenues au cours de ce travail.

La présence de microporosité en quantité importante est plutôt un inconvénient pour le type d'applications envisagée et les échantillons présentant une contribution microporeuse importante ont, autant que possible, été mis de côté. Il sera cependant important par la suite de mieux comprendre la formation de cette porosité pour mieux la contrôler

Annexe B- Etude de la dispersion thermique du Mo sur les supports de référence (silice et silice-alumine Grace-Davison)

La figure (A.2) présente les diffractogrammes des rayons X des échantillons Mo/Silice et Mo/Al$_2$O$_3$-SiO$_2$ avant et après traitement thermique.

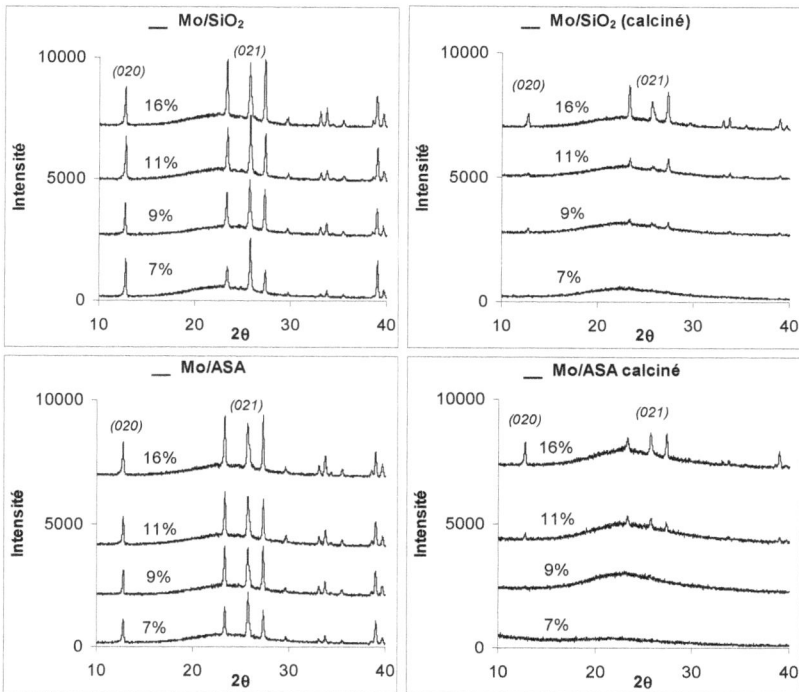

Figure A.2: *Diffractogrammes des rayons X des catalyseurs MoO$_3$ préparés par mélanges mécanique à différentes teneurs en Mo avant et après traitement thermique.*

Pour tous les échantillons le traitement thermique conduit à une diminution importante des pics de diffraction, ce qui traduit la formation d'espèces Mo dispersées et/ou de petits clusters. Pour les plus faibles teneurs en Mo (7 et 9 %), la calcination conduit à la disparition complète (7%) ou quasi-complète (9%) des pics de diffractions caractéristiques de la phase MoO_3, indiquant que jusqu'à un peu moins de 9% en Mo, tout le molybdène est présent sous forme isolée ou de petits clusters.

Pour les teneurs plus élevées (11 et 16%), les pics de diffraction de la phase MoO_3 restent visibles même après calcination. Leur intensité est cependant nettement plus faible qu'avant calcination. Pour ces deux teneurs, seule une partie du molybdène présent initialement est dispersé après calcination. L'excès de molybdène reste sous forme d'oxyde massique.

Si maintenant on compare les deux supports, on peut remarquer que pour une même teneur, l'intensité des pics du MoO_3 résiduel est plus élevée pour la silice que pour la silice alumine. Ce résultat signifie que la teneur maximale de Mo dispersé est supérieure sur silice-alumine que sur silice. Le recouvrement de saturation de la surface, c'est-à-dire la quantité maximale de Mo dispersé exprimée par unité de surface, est également supérieur pour la silice-alumine puisque les deux supports ont des surfaces spécifiques comparables. Cela est d'ailleurs en accord avec la littérature (Xie et *al.* 1990).

Il pourrait sembler logique bien sûr de comparer à ce stade les recouvrements de saturation approximatifs que nous observons avec les différentes valeurs de « recouvrement de monocouche » publiées dans la littérature pour les catalyseurs au molybdène supportés. Toutefois, cette notion de « monocouche » est l'objet de nombreuses polémiques dans lesquelles nous ne souhaitons pas entrer et nous traiterons donc les recouvrements de saturation comme de simples données empiriques pouvant servir de point de repère dans la synthèse de nos catalyseurs.

Annexe C- Etude des catalyseurs par spectroscopie Infrarouge

1. La cellule infrarouge

Les expériences d'adsorption de CO sur la phase sulfure ont été réalisées en collaboration avec le Laboratoire de Catalyse et de Spectrochimie de Caen (LCS). La cellule est présentée sur la figure A.3.

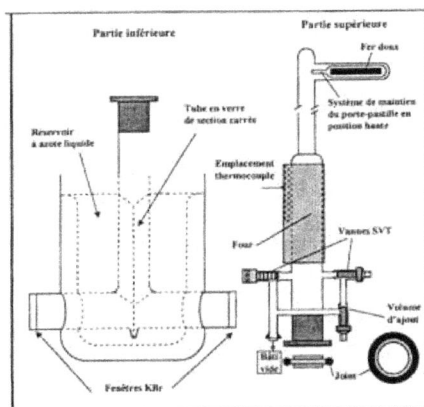

Figure A.3: *Cellule IR basse température.*

Cette cellule est composée d'une partie basse avec deux fenêtres en KBr transparents aux rayonnements infrarouges qui les traversent, et d'une partie haute où se situent les vannes permettant les évacuations ou les ajouts de volumes connus de gaz. Le porte-pastille peut être placé soit dans la position haute où la pastille est à la hauteur du four, soit dans la position passe où elle se trouve dans le faisceau infrarouge. Elle présente dans sa partie basse une enveloppe à double paroi qui sert de réservoir à l'azote liquide et permet le refroidissement de l'échantillon à une température proche de celle de l'azote liquide (~100K) pour augmenter les interactions de CO avec la surface étudiée. La partie supérieure de cette cellule a été modifiée afin de l'adapter à un système de sulfuration sous flux.

2. Bâti et spectromètre infrarouge

La figure A.4 représente le bâti utilisé pour les expériences statiques. La cellule est placée dans le compartiment analyse d'un spectromètre à transformée de Fourier Nicolet MAGNA 560. Nous avons utilisé un détecteur MCT/4 et une séparatrice XT-KBr. Cet équipement permet d'obtenir un rapport signal sur bruit élevé même dans le cas de l'échantillon très absorbant. Nous avons choisi d'enregistrer 54 acquisitions par spectre. La région spectrale observée s'étend de 4000 à 500cm^{-1}. Les spectres sont enregistrés avec une résolution de 4cm^{-1}. Ensuite ils sont traités sous le logiciel d'infrarouge OMNIC.

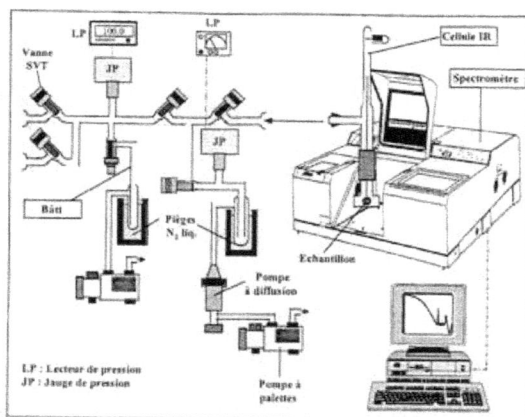

Figure A.4: *Représentation schématique du Bâti de caractérisation IR.*

3. Traitement des spectres IR

3.1 Normalisation

Pour une expérience en transmission, l'absorbance d'un échantillon est donnée par la loi de Beer-lambert.

$$A = - \log (1/I_0) = \varepsilon.l.c \qquad \text{(équation 1)}$$

Où

I_0: Intensité du faisceau incident,

I : Intensité du faisceau transmis,

ε: Coefficient d'extinction molaire intégré,

l: Chemin optique,

c: concentration molaire volumique des espèces considérés.

Pour un solide pressé sous forme d'un disque, on peut faire l'approximation que le chemin

optique est égal à' l'épaisseur de la pastille,

Ainsi, l'équation (1) peut s'écrire : $A = \varepsilon.e.c = \varepsilon.e.n/(e.s)$

Soit

$$A = \varepsilon.n/s \qquad \text{(équation 2)}$$

Où

A : Surface intégrée de la bande,

e : Epaisseur de la pastille,

s : Surface de la pastille,

n : Nombre de vibrations présents dans la pastille.

Deux cas de comparaison peuvent être considérés.

Echantillon de même nature – masse des pastilles différentes – disque entier

On a mesuré pour la pastille 1 de masse m_1, l'aire de la bande $A_1(v)$ du vibrateur considéré.

On cherche à prévoir pour une pastille 2 du même catalyseur de masse m_2, l'aire de la bande $A_2(v)$; les deux disques étant entiers et de surface s (s= 2 cm^2).

Pour les pastilles 1 et 2, on a selon l'équation (1):

$A_1(v) = \varepsilon_1.e_1.c$

$A_2(v) = \varepsilon_2.e_2.c$

On va considérer que les chemins optiques sont équivalents aux épaisseurs de pastille.

L'épaisseur e_1 de la pastille de masse m_1 peut être calculée connaissant la niasse volumique du matériau ρ, on a :

$\rho = m_1/v_1$ d'où $m_1 = \rho. v_1 = \rho.s.e_1$

D'où $e_1 = 1/\rho.s.(m_1) = k. m_1$ avec $k = 1/\rho.s$

Ainsi,

$A_1(\upsilon) = \varepsilon_\upsilon . k . m_1 . c$

$A_2(\upsilon) = \varepsilon_\upsilon . k . m_2. c$

D'où $A_2(\upsilon) = m_1/ m_2 . A_1(\upsilon)$

Cette méthode peut servir à. normaliser l'absorbante des bandes d'une pastille entière à 10mg. Ainsi,

$$A(\upsilon)/10mg = 10/m_1. A_1(\upsilon)$$

Annexe D- Calculs expérimentaux

1. **Calcul de la densité des groupes OH d'une silice possédant seulement des Q^3 et Q^4**

Soit $Q^3 + Q^4$ = nombre totale des atomes de silicium Si.

Où $\quad Q^3$: groupes –Si-OH

$\quad\quad\quad Q^4$: groupes –Si-O-Si-

Or $\text{Si} / \text{Si-OH} = Q^3 + Q^4 / Q^3$

$\quad\quad\quad\quad\quad = Q^4 / Q^3 + 1 \quad\quad\quad$ (soit Y= Si / Si-OH)

D'autre pour calculer la densité de silanols on peut utiliser l'équation ci-dessous. Cette règle ne tiens pas en compte l'erreur commise sur la masse de silice hydroxylée (généralement minime).

$$d_{\text{Silanols}} = Y \cdot N_A / 60{,}60 \cdot S$$

Où N_A : est le nombre d'Avogadro

$\quad$ S : est la surface de la silice en nm^2

Cas d'une magadiite délaminée (application numérique) :

D'après les résultats de la RMN du ^{29}Si, et en particulier la position des bandes en ppm on peut calculer le rapport Q^3 / Q^4.

La Na-magadiite : $Q^3 / Q^4 = 0{,}3$

La magadiite délaminée : $Q^3 / Q^4 = 0{,}4$

$S = 600 \text{ m}^2/\text{g} = 600.10^{18} \text{ nm}^2$

$$d_{\text{Silanols (Na-magadiite)}} = 0{,}71 \text{ OH nm}^{-2}$$

$$d_{\text{Silanols (magadiite délaminée)}} = 5 \text{ OH nm}^{-2}$$

2. **Calcul du Rapport molaire C_{16}TMA/SiO_2**

Ce calcul est effectué d'après les courbes TG de la thermogravimétrie (figure A.5). Connaissons la masse m_1 de l'échantillon après la perte de la totalité d'eau et la masse m_2 de l'échantillon après la décomposition du surfactant, on peut calculer la masse m_3 du surfactant (C_{16}TMA) calciné

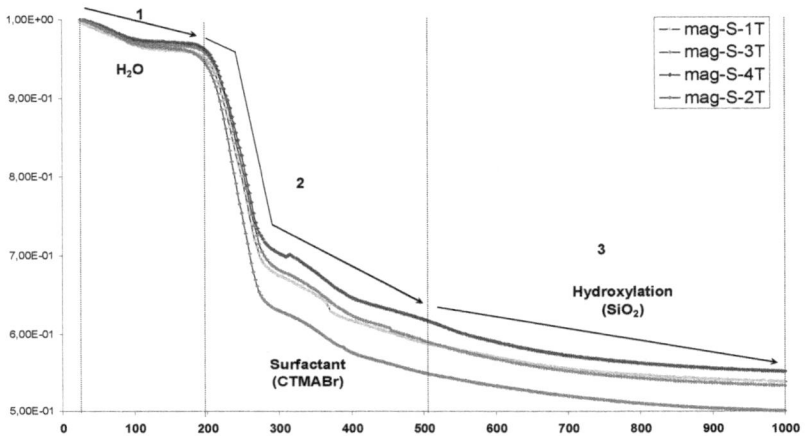

Figure A.5: *Courbes TG des échantillons de magadiite gonflés plusieurs fois.*

Une fois nous avons cherché la masse m_3 du surfactant calciné ($m_3 = m_1 - m_2$), et celle du SiO_2 résiduel à 1000°C (m_4 d'après la courbe), on peut accéder au rapport molaire C_{16}TMA/SiO_2.

Exemple numérique (magadiite 1 fois gonflée) :

Masse de SiO_2 à 1000°C = 0,539 mg = m_4 (d'après la courbe)

La masse de CTMA (d'après la courbe) = **masse** échantillon à 150°C − **masse** échantillon à 500°C

$$= m_1 - m_2 = 0,961 - 0,589$$

218

$$m_3 = 0,372 \text{ mg}$$

Or, le rapport massique = **masse** $_{CTMA}$ / **masse** $_{SiO2}$ = 0,372 / 0,5392 = 0,689

Donc, le rapport molaire = **n** $_{CTMA}$ / **n** $_{SiO2}$ = (0,689 / 284) × 60 = **0,14**

Avec : Masse molaire du CTMA = 284g

Masse molaire de SiO$_2$ = 60g

- Le rapport théorique Na^+/Si est calculé d'après la formule générale de la Na-magadiite :

Rapport molaire théorique de la magadiite ($Na_2 Si_{14} O_{29}$. nH_2O) = 2/14 = 1 / 7 = 0,14.

Annexe E- Etude historique de la magadiite et la kényaite

1. Histoire

Profondément au coeur méridional de la région sud de Kenya dans la Valley de crevasse se situe le lac Magadi, où la magadiite et la kényaite fut découverte pour la première fois par Eugster en 1967 en kenya (Magadi Lake) (figure A.6). Les tribus ''Maasai'' appellent le lac Magadi par Makat, c.à.d. "mer de soude" comme avec la signification du sel.

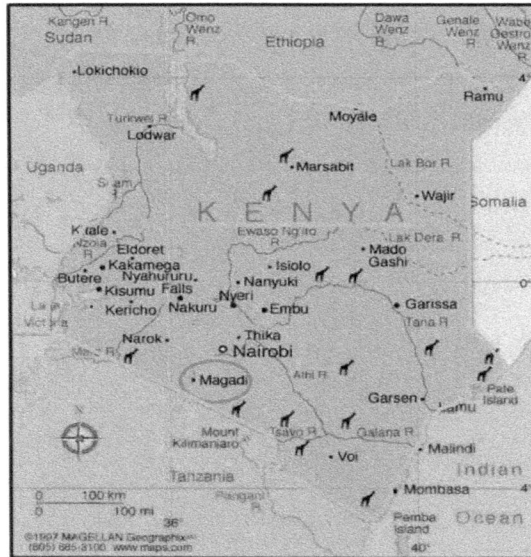

Figure A.6: Carte géographique du pays Kenya.

Le Lac s'étend sur une surface de 115 Kilomètre carré avec une altitude de 605 mètres. Magadi possède une profondeur seulement de 3 mètres et il est complètement entouré par de vastes appartements normaux de sel.

Alors que le lac peu profond soulève avec des vagues de couleur rosâtre due à la chaleur intense du milieu et l'isolement du Lac. Durant les saisons de sécheresse la température peut atteindre facilement les 38°C ce qui favorise une évaporation intense de l'eau du lac.

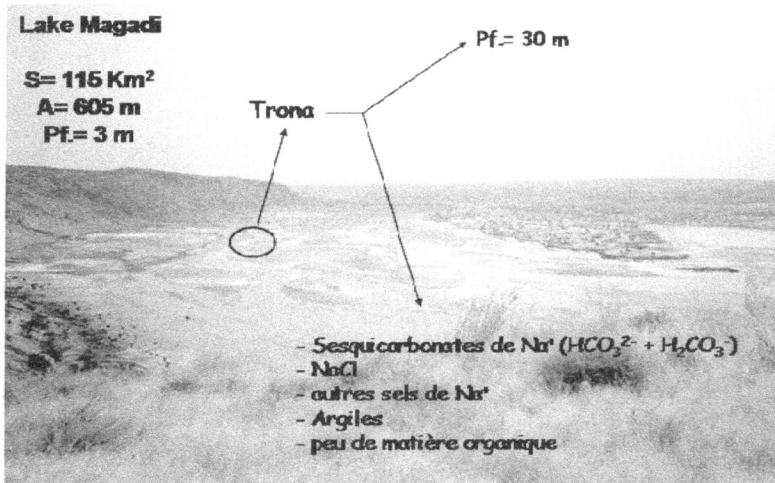

Figure A.7: *Lac Magadi pendant la saison de sécheresse.*

Le lac se compose d'un lit cristallin profond 30 mètres du Trona qui est un mélange de sesquicarbonate de sodium, de chlorure de sodium, d'autres sels de sodium et d'argiles, ainsi qu'un peu de matière organique (figure A.7).

Le Magadi est considéré après le lac « Salton Sea » aux USA, le lac contenant la deuxième grande Trona du monde et le premier dans l'exploitation du sel de cuisine.

Rarement visité par des touristes parce qu'il est situé dans une région éloignée à la frontière du sud de Kenya avec la Tanzanie, la région de Magadi est connue comme l'endroit le plus chaud et le plus sec du Kenya.

Références

Xie Y.-C., Tang Y.-Q. In *advances in catalysis* ; Eley D.D., Pines H. et Weiz P.B.

Eds.; Harcourt Brace Javanovich: San Diego, California, **1990**, 37, 329.

Eugster *H.P.*, *Science,* **1967**,*157*, 1177.

***

www.ingramcontent.com/pod-product-compliance
Lightning Source LLC
Chambersburg PA
CBHW021039210326
41598CB00016B/1070